OFFICE
BANGONG RUANJIAN YINGYONG
XIANGMUSHI JIAOCHENG

Office
办公软件应用项目式教程

（微课版）

- 主 编 凌 兰 周秩祥
- 副主编 孔令勇 刘 陈
　　　　牟 兰 宋代春
- 参 编 胡 琦 冯明霞
　　　　周永渝 周绪霞

ZHONGDENG ZHIYE JIAOYU
JISUANJI ZHUANYE XILIE JIAOCAI

重庆大学出版社

图书在版编目（CIP）数据

Office办公软件应用项目式教程：微课版 / 凌兰,
周秩祥主编. -- 重庆：重庆大学出版社, 2024.4
中等职业教育计算机专业系列教材
ISBN 978-7-5689-4438-0

Ⅰ.①O…　Ⅱ.①凌…　②周…　Ⅲ.①办公自动化—应
用软件—中等专业学校—教材　Ⅳ.①TP317.1

中国国家版本馆CIP数据核字（2024）第075020号

Office办公软件应用项目式教程（微课版）

主　编　凌　兰　周秩祥
副主编　孔令勇　刘　陈　牟　兰　宋代春
策划编辑：章　可

责任编辑：陈　力　版式设计：章　可
责任校对：谢　芳　责任印制：赵　晟
*
重庆大学出版社出版发行
出版人：陈晓阳
社址：重庆市沙坪坝区大学城西路21号
邮编：401331
电话：（023）88617190　88617185（中小学）
传真：（023）88617186　88617166
网址：http://www.cqup.com.cn
邮箱：fxk@cqup.com.cn（营销中心）
全国新华书店经销
重庆华林天美印务有限公司印刷
*
开本：787mm×1092mm　1/16　印张：16.25　字数：386千
2024年4月第1版　2024年4月第1次印刷
ISBN 978-7-5689-4438-0　定价：49.00元

Office是微软公司推出的办公处理软件，其功能强大，操作方便，使用安全稳定，是目前使用广泛的办公软件之一。本书使用Office 2021版作为训练平台，坚持"做中学，学中做"的思想，以"项目—任务—直通高考—考证实战—习题演练"的体例编写。学生学完本书后，能正确使用Office 2021软件完成常用办公文档的制作和排版，形成一定的自动化办公能力，为后续课程的学习奠定基础。

本书分为Word、Excel、PowerPoint 3个部分，共27个任务。所选任务均与企业生产或员工工作生活密切相关，经过编者的层层筛选后确定，注重知识由浅入深的渐进性和技能综合应用的融通性，以及学生综合素养的培养。Word部分选择了制作日常管理文档（通知、消防安全宣传单、招聘宣传单、组织架构图）、制作文字表格（面试登记表、会议预算表）、制作长文档（规范书稿、编排论文）、制作批量文档（荣誉证书、工作证）等4个项目10个任务；Excel部分选择了制作新员工信息统计表（工作日程表、信息统计表、编辑美化表格）、制作新员工考核成绩表（入职培训考核成绩表、专业知识和技能考核成绩表、成绩查询小系统）、制作公司销售报表（产品销售报表、手机销售情况统计表、品牌电器销售统计报表、可视化数据图表）等3个项目10个任务；PowerPoint部分选择了制作公司产品演示文稿（有机农产品演示文稿、美化演示文稿），制作公司总结演示文稿（年终总结演示文稿、演示文稿动画、放映和输出演示文稿）等2个项目5个任务。

本书具有以下特点：

1.面向职业教育，对接企业，产教融合效果显著

本书采用"项目—任务"形式，参考企业岗位人才需求标准，遴选校企合作企业自动化办公系统中的常见案例作为内容，以主人公小王的视角为主线贯穿全书，校企文化氛围浓厚。每个任务都采用"任务引入"—"任务清单"—"任务知识"—"任务实施"的架构，每个任务都围绕一个案例展开介绍，其中加以适当提示，采用渐进式教学，便于学生在短期内掌握并应用。

2.面向高考，对接考证，操作性和实用性强

本书从职业院校学生的实际出发，以浅显易懂的语言和丰富的图示进行说明，并补充适当的理论介绍和概念阐述，重点介绍操作方法和技巧，培养学生的职业能力。在每个项目后配以"直通高考""考级实战"和"习题演练"等模块，首次将高考试题、全国计算机二级考证复习题、"1+X"证书考试试题加以调整修改，供学生参考练习，具有很强的针对性和操作性，真正实现了"岗课证"的融合，旨在提升学生的专业知识和专业技能。

3.面向学生，对接岗位，结构清晰，目标明确

本书根据学生的学习特点，对接企业的岗位标准，在每个项目的开始部分提出了三维学习目标，供教师和学生参考，也便于学生自学时能抓住重点。每个任务将重点知识罗列在实例操作前讲解，便于学生整体掌握所学内容，达到举一反三的目的。每个任务中还配有一个"任务清单"，设计了一些活动，便于学生思考和记录。每个项目后的"学习评价"便于学生自评、反思和改进。

4.面向教师，对接教学，数字化资源丰富

本书配有丰富的数字化资源包，包含所有实例的源文件、相关素材、微课视频、PPT课件和在线精品课程等数字化资源，便于教师教学或学生自学。

本书由凌兰、周秩祥担任主编，孔令勇、刘陈、牟兰、宋代春担任副主编。编写分工为：周秩祥编写了项目一，刘陈编写了项目二—项目四，凌兰编写了项目五—项目七，牟兰编写了项目八和项目九。宋代春负责统稿，孔令勇负责审稿。胡琦、冯明霞、周永渝、周绪霞参与了后期的微课制作和课件制作。本书还得到了校企合作企业达瓦公司的大力支持，在此一并表示谢意。

由于编者水平和能力有限，书中难免存在疏漏之处，敬请广大读者批评指正。

编　者

2023年8月

目

录

项目一
制作日常管理文档

随着社会的进步和科技的发展，企业管理逐渐走向智能化、数字化。在企业的日常管理中，会涉及许多方面的工作事务，比如发布通知、制作招聘宣传广告、制作公司管理制度、安排会务秩序等，这些都需要一种专业软件来帮助人们处理。Word文档编辑软件可以更快捷、更高效地完成此类任务，起到事半功倍的作用。

在本项目中，我们主要学习制作企业日常管理中的基本文档，如通知，排版公司制度等，涉及利用Word 2021文字处理软件进行文档的新建、保存，文字的录入、复制、粘贴，文字、段落、图片、图表的基本编辑方式等基础知识和相关技能。

学习目标

知识目标：1.了解当前主流图文编辑软件的功能及特点。

2.掌握Word文档的新建、录入、复制、粘贴、保存等基本操作方法。

3.掌握Word文档中文字、段落的基本编辑方式。

4.掌握Word文档页面的设置方法。

5.掌握Word文档中艺术字的插入及格式设置方法。

6.掌握Word文档中自选图形的绘制与格式设置方法。

技能目标：1.会新建、录入、保存文档。

2.会设置文字、段落格式。

3.会插入艺术字、SmartArt图形、图表等，并设置格式。

4.会绘制自选图形并设置格式。

思政目标：1.通过通知任务的制作，培养学生的文化自信与职业素养。

2.通过消防安全宣传单任务的制作，培养学生的安全意识与安全素养。

3.通过招聘宣传单任务的制作，引导学生确立竞争意识，形成创新素养。

4.通过组织架构示意图任务的制作，培养学生的团队合作意识。

相关知识

1.图文编辑软件的分类

（1）文字编辑办公软件

文字编辑办公软件是使用最频繁、最常用的软件，以Microsoft Word、WPS文字软件为代表，其主要功能包括文字的输入、编辑、格式化、图文混排、表格处理、文档管理等，常应用于各类文档的建立和排版。

（2）专业排版软件

专业排版软件主要用于广告制作、报纸杂志出版、书籍装帧及包装设计等。以InDesign、北大方正等软件为代表，其功能非常强大，制作的作品精致美观。

（3）移动终端图文排版软件

移动终端提供了很多的排版App，例如易企秀、美篇等。其利用模板快速合成图、文等各种信息，既简单又快捷，使移动用户能及时阅读相关的文档。

2.常见的图文编辑软件

常用图文编辑软件及其特点见表1-1。

表1-1　常用的图文编辑软件

图标	名称	使用范围	特点
	WPS文字	典型的国产综合性图文编辑软件，可实现常用的文字、表格、图片的排版编辑。	占用存储空间小、功能齐全、可云端存储，有强大插件平台支持。
	Word	一款综合性的图文编辑软件，可实现常用的文字、表格、图片的排版编辑。	简单易学，功能强大，兼容强，适用范围广。
	InDesign	专业印刷品排版编辑软件，主要应用于报纸杂志类出版物编辑的常用软件。	功能强大、稳定性好，使用灵活，对图片具有较强的编辑功能，适合文字、图片信息较多的文档，偏向于版式设计。
	方正飞翔	专业排版的多形态出版编排设计软件，集图像、文字、公式和表格排版于一体，提供图文混排、印刷样式、图形与图像设计制作等功能。	组版效率较高，对图片具有较强的编辑功能，适合文字、图片信息较多的文档。
	美篇App	移动终端图文编排App，能方便快捷地写出图文并茂的文章，比如摄影作品、游记攻略等，可分享到微信群、朋友圈、微博等社交平台。	方便、快捷，移动终端可随时使用，且操作简单。

3.Word文档

Word文档和WPS文字都是目前使用率较高的文字处理软件，本书以Word 2021版为例进行介绍。

Word 2021版新增特点如下所述。

（1）发现并改进了搜索和导航体验

利用 Word 2021，可更加便捷地查找信息。利用新增的改进查找体验，可以按照图形、表、脚注和注释来查找内容。改进的导航窗格提供了文档的直观表示形式，这样就可以对所需内容进行快速浏览、排序和查找。

（2）与他人同步工作

Word 2021重新定义了人们一起处理某个文档的方式。利用共同创作功能，可以编辑论文，同时与他人分享各自的思想观点。对于企业和组织来说，使用户能够查看与其一起编写文档的某个人是否空闲，并在不离开Word的情况下轻松启动会话。

（3）几乎可从任何地点访问和共享文档

联机发布文档后，可以通过计算机或基于 Windows Mobile的Smartphone 在任何地方访问、查看和编辑这些文档。通过Word 2021，可以在多个地点和多种设备上获得一流的文档体验。

（4）向文本添加视觉效果

利用 Word 2021，可以对文本应用图像效果（如阴影、凹凸、发光和映像），也可以对文本应用格式设置，以便与图像实现无缝混合。操作快速、轻松，只需单击几次鼠标即可完成相关操作。

（5）将文本转化为引人注目的图表

利用 Word 2021 提供的更多选项，将视觉效果添加到文档中，可以从新增的 SmartArt 图形中选择，以在数分钟内构建令人印象深刻的图表。SmartArt 中的图形功能同样也可以将点句列出的文本转换为引人注目的视觉图形，以便更好地展示创意。

任务一

制作通知

 任务引入

小王大学毕业应聘到一家科技公司担任办公室文秘，中秋、国庆双节即将来临，公司领导要求小王草拟一则通知，对放假事宜进行具体安排，如图1-1所示。他发现办公电脑上安装了Microsoft Office和WPS两个办公自动化处理软件。该选哪一个软件来完成日常工作呢？

中秋、国庆双节放假通知

公司全体员工：

　　中秋、国庆双节来临之际，根据国家法定假期的有关规定，结合我公司实际情况，经领导班子研究决定，现将2023年中秋节、国庆节放假事项通知如下：

　　放假时间：9月29日—10月6日，共8天。

　　放假要求：检查门窗，关闭办公设备电源，妥善保管各类物品。

××科技有限公司

2023年9月24日

图1-1　中秋国庆双节放假通知

任务清单

任务名称	制作中秋、国庆双节放假通知				
班级		姓名		日期	
环境需求	完成本任务所需信息工具有哪些？				
活动名称	活动内容及要求				
课前活动	1.收集常见的图文编辑软件，了解它们各自有哪些特点？ 2.收集通知等公文资料，了解通知的具体格式。				
课中活动	1.思考：制作通知时会用到Word中的哪些命令？ 2.尝试制作"中秋、国庆双节放假通知"。				
课后活动	消防安全周即将来临，尝试利用Word 2021制作"企业消防通知"。				

任务知识

1.Word 2021 的工作界面介绍

Word 2021的操作界面如图1-2所示。

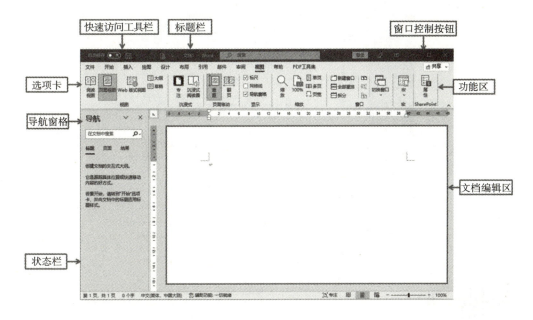

图1-2　Word 2021 操作界面

①标题栏：标题栏主要用来显示文档的名称和Word的应用程序名。在Word 2021中，智能搜索框也在标题栏中，主要用来帮助人们找到相关的操作说明。

②快速访问工具栏：该栏中显示了较为常用的工具按钮，比如"保存"按钮🖫、"撤销"按钮↩、"恢复"按钮↻，还可以在快速访问工具栏的▾按钮下添加其他按钮。

③窗口控制按钮：该按钮分为3种，从左到右依次为"最小化"按钮━，"最大化"按钮▢，"关闭"按钮✕。

④选项卡：在Word 2021中，提供了"开始""插入""绘图""设计""布局""引用""邮件""审阅""视图""帮助""PDF工具集"等11个选项卡，单击相应的选项卡，可以切换到对应的功能区中。

⑤功能区：功能区是各种命令的集合，每个功能区对应了相应的功能。在功能区中人们可以对文档的内容进行编辑，比如字体格式、段落格式、页面版式等。

⑥导航窗格：导航窗格默认情况下位于窗口的左侧，用于搜索文中内容和显示目录等。

⑦文档编辑区：在该区域中可以输入文本信息，插入图片、图形等内容。

⑧状态栏：状态栏位于窗口的底部，显示当前文档的状态及相关信息。

2.文档的操作

（1）新建文档

启动Word 2021即可新建一个空白文档，也可根据系统提供的模板新建文档。默认的文档名为"文档1"，如图1-3所示。

（2）打开文档

如果需对保存的文档进行编辑，则需打开一个Word文档，找到文档所在的文件路径即可，如图1-4所示。

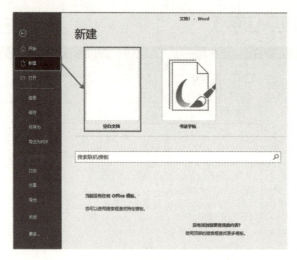

图1-3　新建Word空白文档

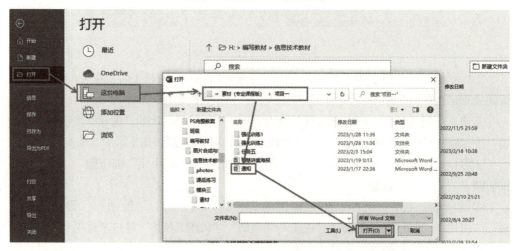

图1-4　打开Word空白文档

（3）保存文档

在文档编辑过程中，应及时对文档的内容进行保存，避免因特殊情况造成文档内容丢失，保存文档分为"保存"新建的文档和"另存为"其他文档两种方式。保存可以直接单击"保存"按钮或按"Ctrl+S"组合键快速保存文档，文档保存在默认位置。另存为可以为文档指定要存储的位置，如图1-5所示。

（4）关闭文档

对文档完成所有的编辑操作并保存后，关闭该文档，既可以在"文件"选项卡中选择关闭命令，还可以在窗口控制按钮里单击"关闭"按钮。

3.复制和移动文本

文档中需输入内容相同的文本，可以对文本进行复制、粘贴操作。如果要移动文本的位置，则可对文本进行剪切、粘贴操作。

复制文本的方式有菜单命令、快捷键Ctrl+C、Ctrl+V和快捷菜单3种方式。

移动文本的方式也有菜单命令、快捷键Ctrl+X、Ctrl+V和快捷菜单3种方式。

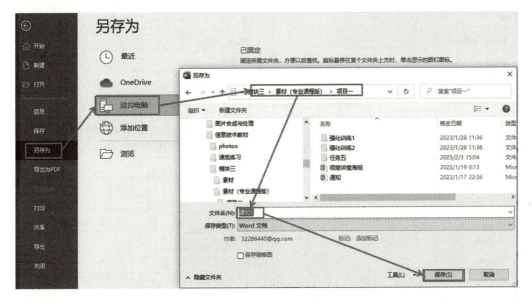

图1-5 "另存为"对话框

温馨提示：

选取文本：将光标移至所要选择的文本前按住鼠标左键不放向下拖曳，直到将需要的文本全部选中即可。

移动文本时，会删除原位置上的原始文本。复制文本时，原位置的文本仍然存在。

4.设置文本格式

文本格式的设置是文档最基本的设置，主要包括字体、字形、字号、字体颜色、文字加粗、倾斜、加下划线、上标/下标等。以上的文本设置都能通过"开始"选项卡里的"字体"组来实现，如图1-6所示。还可以单击"字体"组中的▣按钮，在弹出的"字体"对话框中进行设置，如图1-7所示。

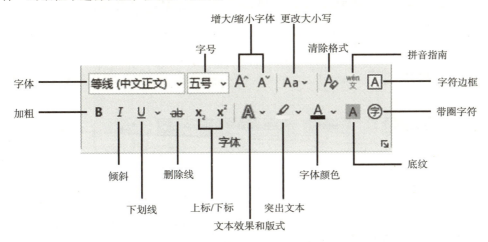

图1-6 设置文本格式

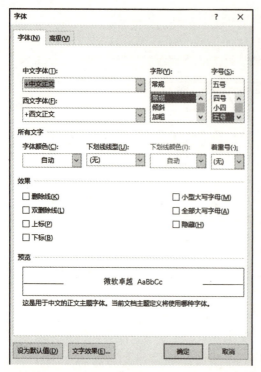
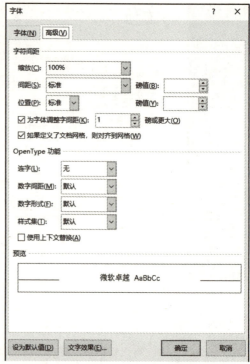

图1-7　"字体"对话框

5.查找替换文本

　　需要将文档中的某些内容替换为其他的内容时，"查找"与"替换"操作可以大大提高工作效率。在"开始"选项卡的编辑组中单击"替换"按钮，可弹出"查找与替换"对话框。在"查找内容"中输入被替换的内容，在"替换为"中输入替换内容，如图1-8所示。

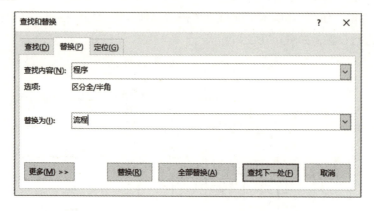

图1-8　"查找和替换"对话框

6.常用快捷键

　　文档操作中常用快捷键见表1-2。

表1-2　常用快捷键

快捷键	功能	快捷键	功能
Ctrl+N	新建文档	Ctrl+O	打开文档
Ctrl+W	关闭文档	Ctrl+S	保存文档
Ctrl+C	复制	Ctrl+V	粘贴
Ctrl+X	剪切	Ctrl+A	全选
Ctrl+Z	撤销	Backspace	删除文本

任务实施

制作放假通知

微　课

步骤1：单击"文件"→"新建"→"空白文档"，新建一个空白文档，如图1-9所示。

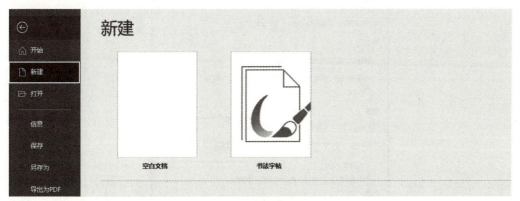

图1-9　新建空白文档

步骤2：在空白的文档中录入文本内容，具体内容如图1-10所示。

中秋、国庆双节放假通知

公司全体员工：

中秋、国庆双节来临之际，根据国家法定假期的有关规定，结合我公司实际情况，经领导班子研究决定，现将2023年中秋节、国庆节放假事项通知如下：

放假时间：9月29日—10月6日，共8天。

放假要求：检查门窗，关闭办公设备电源，妥善保管各类物品。

××科技有限公司

2023年9月24日

图1-10　通知内容

步骤3：选中标题，字体设置为"宋体"，字号为"二号""加粗"，在"段落"组中选择"居中"按钮进行居中操作，效果如图1-11所示。

中秋、国庆双节放假通知

公司全体员工：

中秋、国庆双节来临之际，根据国家法定假期的有关规定，结合我公司实际情况，经领导班子研究决定，现将2023年中秋节、国庆节放假事项通知如下：

放假时间：9月29日—10月6日，共8天。

放假要求：检查门窗，关闭办公设备电源，妥善保管各类物品。

××科技有限公司

2023年9月24日

图1-11　字体设置效果图

步骤4：选择剩下的文本内容，设置字体为"宋体"，字号为"四号"。

步骤5：选择正文部分内容，单击开始选项卡中的"段落"组中的 ，在弹出的对话框中设置行距为"单倍行距"，设置特殊格式为"首行缩进2个字符"，如图1-12所示，效果如图1-13所示。

图1-12　首行缩进

步骤6：选中落款部分内容，在"段落"组中选择"右对齐"按钮进行右对齐，如图1-14所示。

中秋、国庆双节放假通知

公司全体员工：

　　中秋、国庆双节来临之际，根据国家法定假期的有关规定，结合我公司实际情况，经领导班子研究决定，现将2023年中秋节、国庆节放假事项通知如下：

　　放假时间：9月29日—10月6日，共8天。

　　放假要求：检查门窗，关闭办公设备电源，妥善保管各类物品。

××科技有限公司

2023年9月24日

图1-13　首行缩进效果

中秋、国庆双节放假通知

公司全体员工：

　　中秋、国庆双节来临之际，根据国家法定假期的有关规定，结合我公司实际情况，经领导班子研究决定，现将2023年中秋节、国庆节放假事项通知如下：

　　放假时间：9月29日—10月6日，共8天。

　　放假要求：检查门窗，关闭办公设备电源，妥善保管各类物品。

××科技有限公司

2023年9月24日

图1-14　通知效果图

　　步骤7：单击"另存为"，弹出对话框，选择相应的保存路径，修改文件的名称，单击"保存"即可完成文件另存为操作，如图1-15所示。

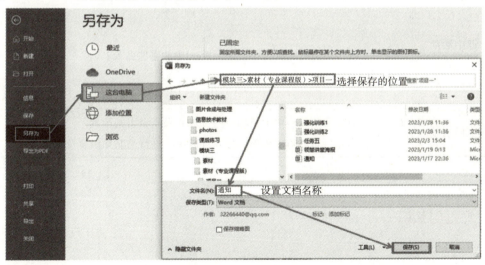

图1-15　保存文件

　　步骤8：通知制作完成，关闭Word文档。

 任务二

制作消防安全宣传单

任务引入

消防安全周即将来临，为了让公司员工深入了解消防应急常识，切实树立消防意识，公司决定制作消防安全宣传单，并把此项工作交给小王。小王决定用自己熟悉的Word软件来制作此次的消防安全宣传单。

任务清单

任务名称	制作消防安全宣传单				
班级		姓名		日期	
环境需求	完成本任务所需信息工具有哪些？				
活动名称	活动内容及要求				
课前活动	课前收集常见的宣传单，查阅其中有哪些内容板块？				
课中活动	1.思考：制作宣传单时有哪些效果可以让宣传单更引人注目？ 2.思考：制作消防安全宣传单会用到Word中的哪些命令？				
课后活动	1.尝试在消防安全宣传单中增加一些特殊效果来吸引阅读者。 2.尝试制作并打印消防宣传单，分发宣传单，进行消防知识普及				

任务知识

1.设置页面格式

Word文档的页面结构主要有页边距、文档区、页眉区、页脚区等，具体如图1-16所示。

图1-16　页面结构

①页边距：页面上打印区域之外的空白区域，可根据自己的需要进行设置。页眉、页脚和页码通常都放在页边距中。

②纸张大小：可根据需要选择纸张大小，并可以对纸张进行自定义设置。

③纸张方向：纸张方向分为横向与纵向。

④分栏：指将文本分成并排的若干个条块，从而使文档美观整齐。

单击"布局"选项卡中"页面设置"组就可以对文字方向、页边距、纸张大小及方向、文档网格等进行设置，如图1-17所示。

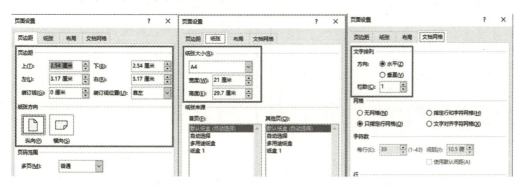

图1-17　页面设置对话框

2.段落排版

段落格式的设置在办公中应用范围广泛，主要包括设置对齐方式、段前段后间距、行距、特殊格式等设置。可以通过"开始"选项卡中的"段落"来实现，如图1-18所示。还可以单击"段落"组中的 按钮，可弹出"段落"对话框进行设置，如图1-19所示。

对齐方式有左对齐、居中对齐、右对齐、两端对齐和分散对齐5种。一般情况下，标题采用居中对齐，正文采用两端对齐。

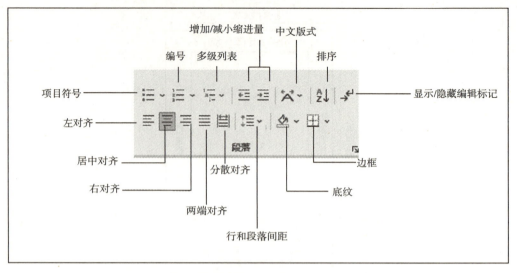

图1-18 "段落"组

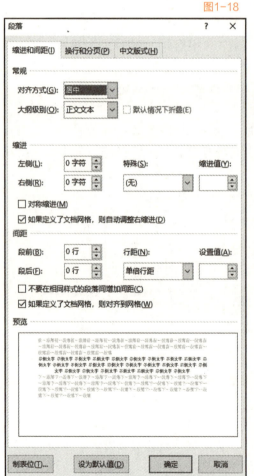

图1-19 "段落"对话框

　　段落缩进指段落中的文本与页边距之间的距离，包括首行缩进和悬挂缩进两种方式。

行距和段落间距可以用来调整各行之间的间距，在下拉列表中，还可以调整段前段后的间距。

3.项目符号、编号、多级列表

在文档的编辑中，为了使段落层次分明，结构清晰，则以段落为单位添加项目符号或编号。在"开始"选项卡中找到"段落"组，单击"项目符号"按钮 ☷▾ 右侧的三角按钮，在弹出的项目符号中可以选择所需要的项目符号样式，如图1-20所示；单击"编号"按钮 ☷▾ 右侧的三角按钮，可在编号库中选择所需的编号样式，如图1-21所示。

图1-20　项目符号下拉菜单

图1-21　编号库下拉菜单

4.边框与底纹

可以对所选的文本或段落添加边框和底纹，以产生一些特殊效果。边框包括边框线条的样式、颜色和粗细等，底纹包括颜色、图案等。

5.首字下沉

首字下沉是将文档中段首的一个字或前几个字放大，放大的程度可以自己设置，并以"下沉"或"悬挂"方式显示。这是报纸杂志中常见的一种排版方式。将光标定位在要设置的段落，在"插入"选项卡下的"文本"组中单击"首字下沉"按钮，在弹出的下拉列表选择显示方式，如图1-22所示。

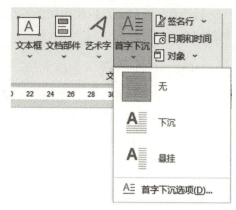

图1-22　"首字下沉"下拉菜单

任务实施

制作公司消防安全宣传单

微课

步骤1：打开Word文档"公司消防安全宣传单（原文本）"。

步骤2：按住鼠标左键拖动，选中"每年的……定为全国消防日。"文本，单击开始选项卡中"段落"组中的 🖼，弹出对话框如图1-23所示。在对话框中将行距设置为单倍行距。

步骤3：将光标放在"灭火器的使用方法及注意事项"前，在段落对话框中设置段前间距为"1行"，以同样的方式设置标题"火灾逃生自救十二招"的段前间距为"1行"。

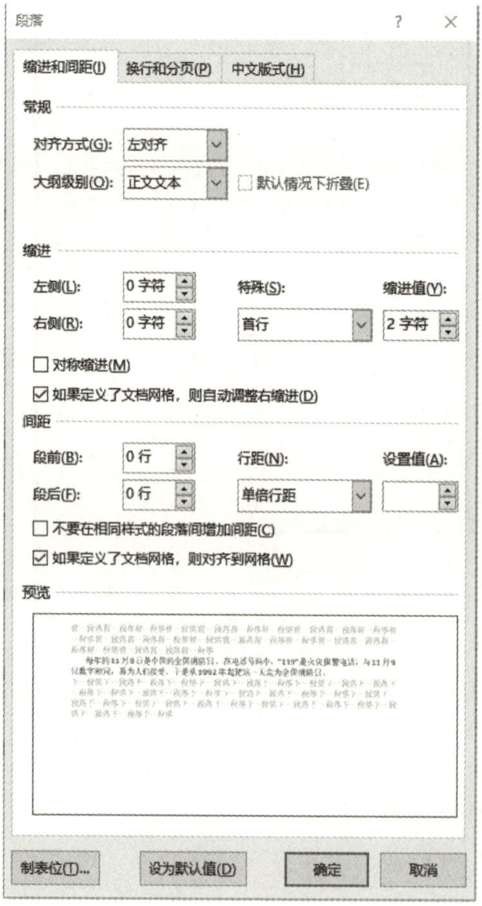

图1-23　段落对话框

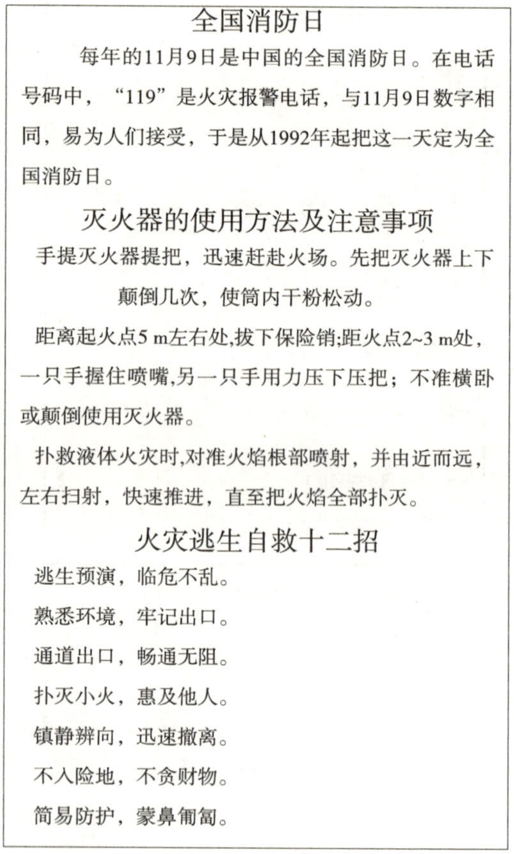

全国消防日

　　每年的11月9日是中国的全国消防日。在电话号码中，"119"是火灾报警电话，与11月9日数字相同，易为人们接受，于是从1992年起把这一天定为全国消防日。

灭火器的使用方法及注意事项

手提灭火器提把，迅速赶赴火场。先把灭火器上下颠倒几次，使筒内干粉松动。

距离起火点5 m左右处，拔下保险销;距火点2~3 m处，一只手握住喷嘴，另一只手用力压下压把；不准横卧或颠倒使用灭火器。

扑救液体火灾时，对准火焰根部喷射，并由近而远，左右扫射，快速推进，直至把火焰全部扑灭。

火灾逃生自救十二招

逃生预演，临危不乱。

熟悉环境，牢记出口。

通道出口，畅通无阻。

扑灭小火，惠及他人。

镇静辨向，迅速撤离。

不入险地，不贪财物。

简易防护，蒙鼻匍匐。

图1-24　标题居中效果图

步骤4：选中文档第一行的"全国消防日"后按住Ctrl键不放，拖选"灭火器的使用方法及注意事项"，再用相同的方法加选"火灾逃生自救十二招"文本后，单击"开始"选项卡中的"段落"组，单击"居中"按钮，对文本进行居中操作，效果如图1-24

所示。

步骤5：选中第一段的第一个字"每"，单击"插入"选项卡，在"文本"组中单击"首字"下沉按钮，并在下拉列表中选择"下沉"，下沉方式为"悬挂"效果如图1-25所示。

图1-25　"首字下沉"文本效果

步骤6：选择灭火器的使用方法及注意事项部分的所有文本，单击"开始"选项卡中的"段落"组，单击"编号"按钮旁的小箭头，在下拉列表中选择第一种编号样式，效果如图1-26所示。

灭火器的使用方法及注意事项

1. 手提灭火器提把，迅速赶赴火场。先把灭火器上下颠倒几次，使筒内干粉松动。
2. 距离起火点5 m左右处，拔下保险销；距火点2~3 m处，一只手握住喷嘴，另一只手用力压下压把；不准横卧或颠倒使用灭火器。
3. 扑救液体火灾时，对准火焰根部喷射，并由近而远，左右扫射，快速推进，直至把火焰全部扑灭。

图1-26　添加编号

步骤7：选择灭火器的使用方法及注意事项部分的所有文本，单击"开始"选项卡中的"段落"组，单击"项目符号"按钮旁的小箭头，在下拉列中选择➢样式，效果如图1-27所示。

火灾逃生自救十二招

➢ 逃生预演，临危不乱。

➢ 熟悉环境，牢记出口。

➢ 通道出口，畅通无阻。

➢ 扑灭小火，惠及他人。

➢ 镇静辨向，迅速撤离。

➢ 不入险地，不贪财物。

➢ 简易防护，蒙鼻匍匐。

➢ 善用通道，莫入电梯。

➢ 缓降逃生，滑绳自救。

➢ 避难场所，固守待援。

➢ 缓晃轻抛，寻求援助。

图1-27　添加项目符号

步骤8：在"布局"选项卡中单击"页面设置"组中的 🔲 按钮，弹出页面设置对话框，在对话框中设置页面上边距为2 cm，下边距为2 cm，其余设置不变。选中"火灾逃生自救十二招"下的所有文本，单击"页面设置"组中的"分栏"，将文本分成两栏。

步骤9：单击"设计"选项卡，找到"页面背景"组，单击页面颜色按钮，选择"绿色，淡色80%"填充页面背景。再单击页面边框按钮，在弹出的对话框中选择"方框"，宽度设置为"11"磅，艺术型选择"树木"，具体设置如图1-28所示，设置完成后的效果如图1-29所示。

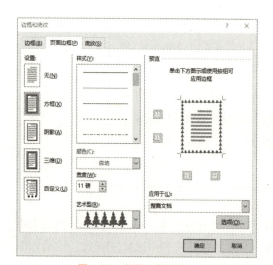

图1-28　标题文本效果

图1-29　页面背景效果

步骤10：选中"全国消防日"文本，找到"开始"选项卡中的"段落"组，单击"边框"旁的下拉按钮，在下拉列表中单击"边框和底纹"将弹出对话框，选择"底纹"对话框，选择填充颜色为"绿色"，样式为"5%"，具体设置如图1-30所示。再选择"边框"选项卡，在对话框中设置线条样式、颜色、宽度，具体设置如图1-31所示，效果如图1-32所示。

步骤11：选中"全国消防日"文本，双击"开始"选项卡中的"格式刷"工具，再拖选"灭火器的使用方法及注意事项""火灾逃生自救十二招"文本，为其他两个标题复制一样的格式效果，效果如图1-33所示。

步骤12：拖选"灭火器的使用方法及注意事项"下的3个段落，应用步骤10的方式在"边框"对话框中选择边框样式为"绿色，双线，0.5磅"，具体设置如图1-34所示。选中"火灾逃生自救十二招"下的所有文本，在"边框"对话框中设置边框样式，并应用于设置为"文字"，具体设置如图1-35所示。

步骤13：单击"文件"→"保存"，弹出对话框，修改文件名称为"公司消防安全宣传单"，单击"保存"文件，效果如图1-36所示。

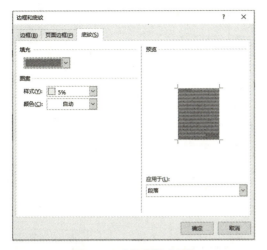

图1-30　底纹设置对话框

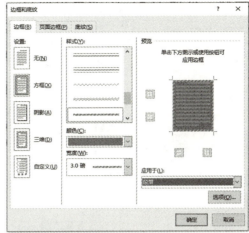

图1-31　边框设置对话框

图1-32　底纹与边框效果

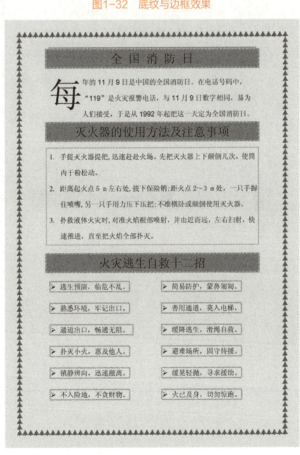

图1-33　标题文本效果

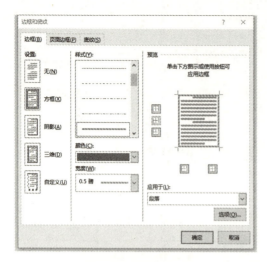

图1-34 双线边框设置   图1-35 文字边框设置

图1-36 公司消防安全宣传单效果

 任务三

制作招聘宣传单

任务引入

为广纳贤才，增强公司的人才储备实力，公司将招聘一名行政经理，需要制作一份招聘宣传单，小王决定使用Word的图文编辑功能来完成这一任务，效果如图1-37所示。

图1-37　招聘宣传单效果

 **任务清单**

任务名称	制作招聘宣传单			
班级		姓名		日期
环境需求	完成本任务所需信息工具有哪些？			
活动名称	活动内容及要求			
课前活动	课前收集招聘宣传单的相关信息及创意文案内容。			
课中活动	1.讨论：根据招聘宣传单的内容应该选择哪些图文元素，怎样排版布局？ 2.思考：制作招聘宣传单会用到Word中的哪些命令？ 3.尝试制作并美化招聘宣传单。			
课后活动	尝试为学校社团招聘制作招聘宣传单。			

 **任务知识**

1.插入图片

图片：包括网络图片、保存在本机上的图片和系统提供的剪贴画。单击"插入"选项卡，在"插图"组中单击"图片"按钮，在下拉列表中可选择图片来源。如果是本地计算机上的图片可单击"此设备"便可弹出"插入图片"对话框，选择图片的位置，单击"插入"按钮即可，具体步骤如图1–38所示。如果是网络上的图片需先下载到本地计算机保存，然后再插入。使用网络图片时，要注意版权，不得随意使用。

2.插入形状图形

形状图形：在Word中，系统提供了丰富的形状图形。用户可根据需要自己绘制想要的图形。在"插入"选项卡中找到"插图"组中的"形状"按钮并单击，在弹出的下拉列表中可选择任意图形，然后按住鼠标左键不放，在文档中指定位置拖动鼠标便可绘制出相应的形状。

3.插入文本框

文本框：文本框可突出其所包含的内容，适合展示重要文字。选择插入选项卡中的

"文本"组中单击"文本框"按钮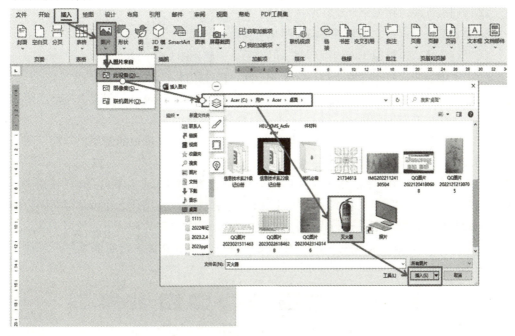，可弹出下拉列表，选择"横向""竖向"或其他样式的文本框，单击它，在文档中就产生了一个文本框。然后在文本框中输入相应的文字并进行编辑。

图1-38　插入图片操作步骤

4.插入艺术字

艺术字：在Word中，通过插入艺术字可对文字进行变形、阴影等处理，使文字更美观，具有有趣，醒目、张扬等特点。在插入选项卡中的"文本"组中单击艺术字按钮，可弹出下拉列表，选择一种文字的样式单击，在文档中将出现"请在此放置您的文字"艺术字文本框，可在框中输入相应的文本，并在"形状格式"选项卡里进行编辑。

5.图片的编辑

图片大小、位置编辑：选中插入的图片，图片边框上会有8个白色圆形的控制点，拖曳这些白色控制点就可以调整图片的大小；如需设定图片的固定大小，可选中图片，单击"图片格式"选项卡中的"大小"组，可设定固定的高度与宽度。直接在图片上按住鼠标左键进行拖曳，则可移动图片。

图片的文字环绕方式：插入图片时可设置图片的文字环绕方式，使其与文档更加协调，在"排列"组中单击"环绕文字"按钮，可从下拉列表中选择一种图片的排列方式，如图1-39所示。

图1-39　环绕文字下拉列表

①嵌入型环绕：将图像置于文档中文本行的插入点位置，并且与文字位于相同的层上。文字移动位置，图片将会随文字一起移动。刚插入的图片一般默认为嵌入型环绕方式。

②四周型环绕：将文字环绕在所选图片边界框的四周。

③紧密型环绕：将文字紧密环绕在图片自身边缘的周围。

④穿越型环绕：类似于四周型环绕，但文字可穿越到图片空白处。

⑤上下型环绕：将图片置于两行文字的中间，图片两侧无文字。

⑥衬于文字下方：将图片置于文档文本层之下，对象在其单独的图层上浮动。图片不会随文字移动而发生变化。

⑦浮于文字上方：将图片置于文档文本层之上，对象在其单独的图层上浮动。图片不会随文字移动而发生变化。

图片样式调整：在"图片格式"中的"图片样式"组中可单击右下角的向下按钮▾，在弹出的库中选择所需要的样式，可快速为图片选择样式进行美化。还可单独对图片的边框、图片效果、图片版式进行设置，如图1-40所示。如对图片样式里的效果不满意，还可通过"调整"组对图片的亮度、对比度、颜色、艺术效果、透明度等进行单独设置，如图1-41所示。

图1-40　图片样式

图片裁剪与旋转：选中图片，在图片的上方会出现旋转控制点◉，在旋转控制点上按住鼠标左键不放进行拖曳，可自由旋转图片；在"图片格式"选项卡中的"排列"组点击"旋转"按钮，可以在打开的下拉列表中选择"向右旋转90°""向左旋转90°""垂直翻转"或"水平翻转"效果，也可在图片格式设置对话框中设置精确的旋转度数。

裁剪通常用于隐藏或修剪图片的部分内容。选中需要插入的图片，点击"图片工具"选项卡，在"裁剪"按钮中可以按比例对图片的大小进行裁剪，也可以按形状进行裁剪，还可以单击"裁剪"按钮，图片边缘出现了裁剪控制点，按住鼠标左键拖曳控制点至合适位置后释放即可，或者在单击"裁剪"后，鼠标左键拖曳图片，隐藏部分图片。如图1-42所示。

图1-41　图片调整组

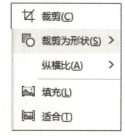

图1-42　"裁剪"下拉列表

调整图形大小、角度、移动：选中创建的图形，图形边框上会有8个白色圆形的控制点，拖曳这些白色控制点，就可以调整图形的大小；选中图形，在图形的上方会出现旋转控制点，在旋转控制点上按住鼠标左键不放便进行拖曳，可调整图形的显示角度；选中图形，直接在图形上按住鼠标左键进行拖曳，则可移动图形。

6.图形编辑

组合图形：为了便于同时对多个图形进行移动、旋转等操作，可通过组合的方式将多个图形组合在一起，形成一个整体进行统一的移动、旋转等操作。按住Shift键加选多个图形，使用"组合"  按钮进行组合，也可以使用"取消组合"按钮进行取消。

形状样式：绘制好图形后，还可以用形状样式来美化图形。在形状样式组里有"形状填充"按钮，"形状轮廓"按钮和"形状效果"按钮，可以通过这3个按钮对图形的填充色、轮廓线条样式和形状效果进行设置。

图形叠放：同一个文档中的多个图形可以叠放，其顺序可以调整。选择其中一个图形对象，在"绘图工具—格式"里找到"排列"组中单击"上移一层"按钮或"下移一层"按钮进行调整。单击这两个按钮右侧的下拉按钮，在弹出的下拉列表中选择"置于顶层"或"置于底层"选项则可以快速调整图形对象到顶层或底层。

图形的对齐和分布：文档中的多个图形摆放在一起时，可以通过"绘图工具→格式→排列"组中的对齐 对齐 按钮进行调整。对齐方式有左对齐、水平居中对齐、右对齐、顶端对齐、垂直居中对齐、底端对齐等方式，分布有横向分布和纵向分布等方式。根据需要选择相应的对齐或分布命令，便可执行相应的操作。

任务实施

制作招聘宣传单

微 课

步骤1：新建Word文档，单击"插入"→"插图"→"形状"按钮，选择矩形框工具，在文档中按住鼠标左键拖动绘制一个矩形框作为页面背景。

步骤2：选中矩形，单击"形状格式"工具，在"形状样式"组中单击"形状填充"设置颜色为"浅绿色"（R：241、G：248、B：249），单击"形状轮廓"，选择"无轮廓"。在"排列"组中单击"环绕文字"按钮，选择"衬于文字下方"命令，效果如图1-43所示。

步骤3：单击"插入"→"插图"→"图片"按钮，选择"此设备"命令，在弹出的对话框中找到素材里的"花朵.jpg"图片，单击"插入"按钮。在"排列"组中单击"环绕文字"，选择"衬于文字下方"命令，调整花朵的大小和位置，效果如图1-44所示。

步骤4：用步骤3的方法插入"树叶.jpg"，并调整树叶的大小、位置及文字环绕方式，效果如图1-45所示。

步骤5：单击"插入"→"插图"→"形状"按钮，选择"圆角矩形"，在页面中绘

图1-43　制作背景

图1-44　制作装饰花朵

制一个宽为27.5 cm，高为6.5 cm的圆角矩形，在"形状样式"组中设置 "形状填充"颜色为浅绿色（R：0、G：126、B：75）， "形状轮廓"选择"无轮廓"。在"排列"组中单击"环绕文字"按钮，选择"衬于文字下方"命令。单击鼠标右键，在下拉列表中选择"下移一层"命令置于花朵下面，效果如图1-46所示。

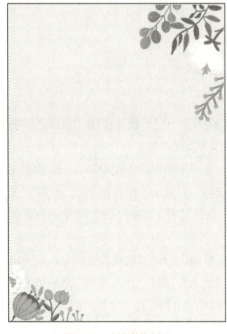

图1-45　制作装饰树叶

图1-46　绘制并设置圆角矩形

步骤6：单击"插入"选项卡→"文本"组→"文本框"按钮→"绘制竖排文本框"

按钮，便会出现一个文本框，在文本框中输入文本"职为你来"，设置文本大小为"130磅"，字体为"微软雅黑"，字体颜色为"白色"。

步骤7：选中文本框，单击"形状格式"工具，设置"形状填充"颜色为"无填充"，设置"形状轮廓"为"无轮廓"。在"排列"组中单击"环绕文字"按钮，在下拉列表中选择"衬于文字下方"命令，效果如图1-47所示。

步骤8：按照步骤6的方法继续插入一个文本框，输入文本 "招"，调整文字字体为"方正粗倩简体"，文字大小为140磅，文字颜色为绿色（R：0、G：126、B：75）。

步骤9：选中"招"字所在文本框，应用步骤7的方式设置文本框样式为"无填充""无轮廓"。

步骤10：选中"招"字所在文本框，按组合键"Ctrl+C"，再按"Ctrl+V"进行复制，并将复制的文本框中文字改为"聘"，调整其位置，效果如图1-48所示。

图1-47　制作文本框

图1-48　"招聘"文本制作

步骤11：用步骤5的方法制作圆角矩形，并应用步骤6的方法插入文本框，在文本框中输入文字"行政经理"，调整字体为"微软雅黑"，字号为"小一"，颜色为"白色"，并移动文本到合适的位置，效果如图1-49所示。

步骤12：插入3个文本框，分别输入"岗位要求""岗位职责"和"福利待遇"3个小标题，文字字体为"微软雅黑"，大小为"小二"，字体颜色为"绿色"（R：0、G:126、B:75），并移动文本到合适的位置，效果如图 1-50所示。

步骤13：打开素材里的"岗位要求素材.docx"里的文本，将文本分别复制到文档中三个小标题下的相应位置，设置文字字体为"微软雅黑"，字号为"四号"，颜色为"绿色"，并移动文本到合适的位置。效果如图 1-50所示。

步骤14：再次插入文本框，输入文本"联系电话：138××××21"，调整字体

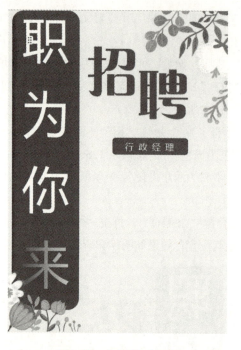

图1-49　文本制作（一）

图1-50　文本制作（二）

为"微软雅黑"，字号为"一号"，颜色为"绿色"。设置文本框为"无填充""无轮廓"，移动文本框到合适的位置。

步骤15：最后保存文档，效果如图1-37所示。

 任务四

制作组织架构示意图

任务引入

公司领导想让小王做个组织架构图贴在办公室墙上，并根据结构图中的岗位制订每个人的岗位职责说明书。小王准备使用Word提供的SmartArt图形工具制作组织架构示意图。

 **任务清单**

任务名称	制作组织架构示意图				
班级		姓名		日期	
环境需求	完成本任务所需信息工具有哪些？				
活动名称	活动内容及要求				
课前活动	调研几家企业的组织架构及层级关系。				
课中活动	1.讨论：如何创建公司组织架构图？ 2.思考：制作公司组织架构图需要用到Word中的哪些命令？ 3.小组合作创建公司组织架构图。				
课后活动	了解学校社团的组织架构，尝试运用Word 2021的SmartArt工具绘制"学校社团组织架构图"。				

任务知识

1.SmartArt工具

在Word 2021中，SmartArt工具提供了丰富的功能结构图。其中有列表图、流程图、循环图、层次结构图、关系图、矩阵图、棱锥图等。这些图形既能够展示相关事物的关系，又有效地提高了文档的可读性和美观度。在"SmartArt设计"中还可以对SmartArt图形的样式、版式及布局等进行修改。

温馨提示：

在SmartArt图形绘制中，用户还可以通过"文本窗格"对SmartArt图形的文本、层级、布局进行修改。

2.绘制2D模型

Word 2021版本为用户提供了单独的"绘图"选项卡，便于用户个性化绘制。单击"绘图"选项卡，便可出现如图1-51所示的界面。

图1-51 "绘图"选项卡

在"绘图"选项卡中，用户可以选择不同的笔进行绘制，并将绘制的结果转换为形状。除此之外，用户还可以将绘制的形状转换为公式，这样绘制公式时就会更加简单方便，比如制作如下公式就可以使用绘图工具。

$$\sum_n \frac{1}{n^s} = \prod (1 - p^{-s})^{-1}$$

3.绘制3D模型

Word 2021版本还给用户提供了3D模型库，人们可以在"插入"选项卡中的"插图"组中找到"3D模型"按钮，单击其旁边的小箭头，可在下拉列表中选择"库存3D模型"按钮，便可弹出"联机3D模型"对话框，选择合适的3D模型单击插入即可。

4.屏幕截图

Word 2021版本还给用户提供了屏幕截图工具，用户可以使用此工具截取屏幕内容，再以图片形式插入文档。

 任务实施

微课

制作组织架构示意图

步骤1：新建Word文档，输入文字"公司整体架构图"，设置字体为"等线正文"，字号为"一号"，字体样式为"加粗"，字体颜色为"蓝色，居中"。

步骤2：单击"插入"选项卡→"插图"组→"SmartArt"按钮，在弹出的对话框中选择"层次结构"类型下的"层次结构"图形，单击"确定"按钮，便可创建SmartArt图形，效果如图1-52所示。

步骤3：选中图形，单击"SmartArt设计"选项卡，找到"创建图形"组中的"文本窗格"按钮并单击，便会弹出"文本窗格"的对话框，效果如图1-53所示。

步骤4：选中第一级的文本，在"创建图形"组中单击 添加形状 ▾ 按钮旁边向下的小箭头，在下拉列表中单击"在上方添加形状"，效果如图1-54所示。

步骤5：在"文本窗格"的对话框中输入相应的文本，效果如图1-55所示。

步骤6：在"文本窗格"中选中"市场总监"，单击 添加形状 ▾ 按钮旁边向下的小箭头，在下拉列表中单击"在下方添加形状"，效果如图1-56所示。

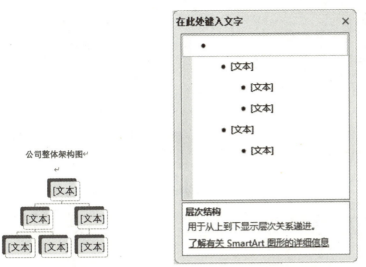

图1-52　"层次结构"图形　　　　　图1-53　文本窗格

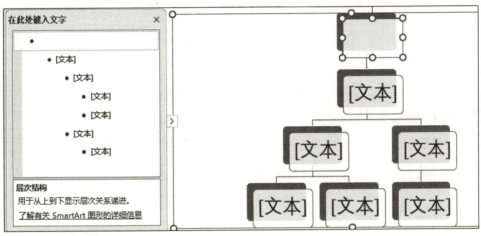

图1-54　文本窗格（添加形状）

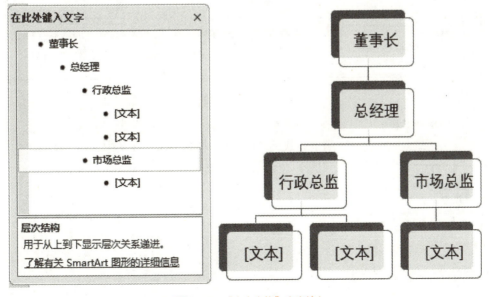

图1-55　"文本空格"文字输入

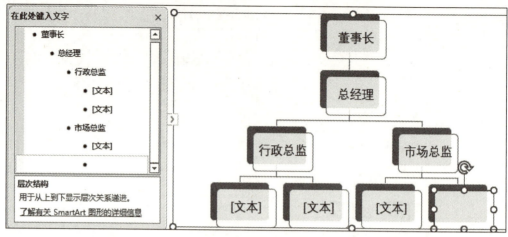

图1-56 添加文本窗格

温馨提示：

在SmartArt图形绘制中添加形状时，我们还可以将光标定位在某一文本窗格，直接按回车键。

步骤7：在"文本窗格"中输入剩下的文本，效果如图1-57所示。

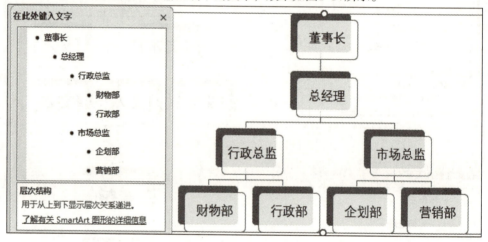

图1-57 输入文本

图1-58 公司整体架构图

步骤8：选中SmartArt图形，单击"SmartArt设计"选项卡，找到"SmartArt样式"组，在其中选择"三维"中的"优雅"样式，最终效果如图1-58所示。

直通高考

1.制作"诚信考试文档"

①新建文件：在Word 2021软件中新建一个文档，文件名为"诚信考试.docx"，保存至"Word"文件夹；将素材文件夹中名为Word-1.docx中的内容全部复制粘贴到该文档中。

②页面设置：纸张方向为横向，页边距上下、左右2 cm。

③将标题"诚"字体设为"楷体，80号，加粗"，文本效果为"顶部聚光灯—个性色4"，"信考试"字体设为"隶书，60号"。

④将正文所有的"诚信"加双下划线。

⑤正文第1段字体为"黑体，小四，加粗"，段后间距1行；插入符号。

⑥第2~6段字体为"楷体，小四"，固定值18磅；所有段落首行缩进2个字符。

⑦在竖排文本框中输入"人而无信，不知其可也。大车无輗，小车无軏，其何以行之哉？——孔子"；字体设置为"隶书，四号"，加字符底纹。

⑧按样文在标题及左下方位置插入形状（图1-59）。

⑨插入图片"1.jpg"，水平翻转，图大小缩放25%，删除背景，放置在文档相应位置（图1-59）。

诚信考试

诚信是一种无价的美好品德。对于每个人至关重要。一个有良好信誉的人，就可以受人尊重地通行于社会。——鲁迅

在我国，考试公平关乎个人命运，更关乎社会和谐稳定以及诚信体系的构建。为培养学生诚实守信良好品格，学校对于作弊行为更是严格抵制、严厉处罚。"国家考试作弊入刑"更是白纸黑字的法律条文。

"**诚信考试**"是对知识的尊重。我们都知道，考试作为一种评价手段，历来是检验教学质量和学习效果以及选拔、培养人才的重要手段。通过对考试结果的分析，我们可以了解并提升"教"与"学"的质量。因此，考试也就特别需要"公平"与"公正"。而只有过程的公平才能保证结果的公正，才能保证评价的真实可靠，也才能为我们的下一步行动提供最为切实的指导。这就需要我们的**诚信**做保证。

"分数诚可贵，人格价更高"。**诚信**，赋予了考试更多的意义，我们要以**诚信**的态度对待每一场考试，考出真实水平，弘扬**诚信**正义。千里之行始于足下，良好的考风，应当从现在做起，我们应把道德原则和道德规范化为自己的内心信念和实际行动，以纯洁的心灵吸纳无尽的知识，让舞弊远离考场，让**诚信**常驻心中。

我们作为莘莘学子中的一员，应当以**诚信**为本，让我们诚实的面对自己，守住内心的一份坚持，从自己做起，从现在做起，交出一份**诚信**的答卷。让我们为学校的学风建设共同努力，为严肃考风考纪撑起一道**诚信**、文明、自觉、向上的美丽风景线。

诚信是中华民族的传统美德，也是公民的一项基本道德责任，是为人处世之本，当代中学生必须具备诚实守信的品德，方能在日后竞争激烈的社会中立于不败之地，因为，**诚信**是做人之本。

图1-59　样文1

2.制作"诗词文化"文档

①新建文件：在Word 2021软件中新建一个文档，文件名为"诗词文化.docx"，保存至"Office"文件夹；将素材文件夹中名为word-1.docx中的内容全部复制粘贴到该文档中。

②页面设置：纸张方向为横向；纸张大小，宽28 cm，高19 cm。

③将标题"诗词文化"设为艺术字，艺术字样式为"填充-红色，主题色2，边框，红色，主题色2"，字体设为"隶书，55号，加粗"，副标题字体设为"黑体，小一"，深红色。

④根据样文，为标题和副标题设置边框线。

⑤按样文将正文内容转换为表格；字体设为"幼圆，小四"，部分字体设为"四号，幼圆，加粗"，深红色（图1-60）。

图1-60　样文2

⑥设置表格边框线。

⑦插入SmartArt图，键入文字"中国""诗词""文化""经典"；更改颜色"彩色-强调文字颜色"，字体设为"微软雅黑"。

⑧插入图"1.jpg"作为文档背景，图片缩放后放到合适的位置（图1-60）。

📊 考级实战

为了让中职学生更好地规划自己的人生，校团委决定于2023年11月3日组织一次名为"领慧讲堂"的就业讲座。现需做一份海报及日程安排表。请你根据下列要求帮助校团委制作完成。

1.调整文档版面，要求页面高度35 cm，页面宽度27 cm，页边距（上、下）为5 cm，页边距（左、右）为3 cm，并将考生文件夹下的图片"Word-海报背景图片.jpg"设置为海报背景。

2.根据"Word-海报参考样式.docx"文件，调整海报内容文字的字号、字体和颜色。

3.根据页面布局需要，调整海报内容中"报告题目""报告人""报告日期""报告时间""报告地点"信息的段落间距。

4.在"报告人："位置后面输入报告人姓名（赵立）。

5.在"主办：校学工处"位置后另起一页，并设置第2页的页面纸张大小为A4篇幅，纸张方向设置为"横向"，页边距自定义。

6.在新页面的"日程安排"段落下，复制本次活动的日程安排表（请参考"Word-活动日程安排.xlsx"文件），要求表格内容引用Excel文件中的内容，如若Excel文件中的内容发生变化，Word文档中的日程安排信息随之发生变化。

7.在新页面的"报名流程"段落下面，利用SmartArt，制作本次活动的报名流程（学工处报名、确认座席、领取资料、领取门票）。

8.设置"报告人介绍"段落下面的文字排版布局为参考示例文件中所示的样式。

9.插入Pic 2.jpg照片，将该照片调整到适当位置，不要遮挡文档中的文字内容。

10.保存本次活动的宣传海报设计为Word.docx，制作样图如图1-61所示。

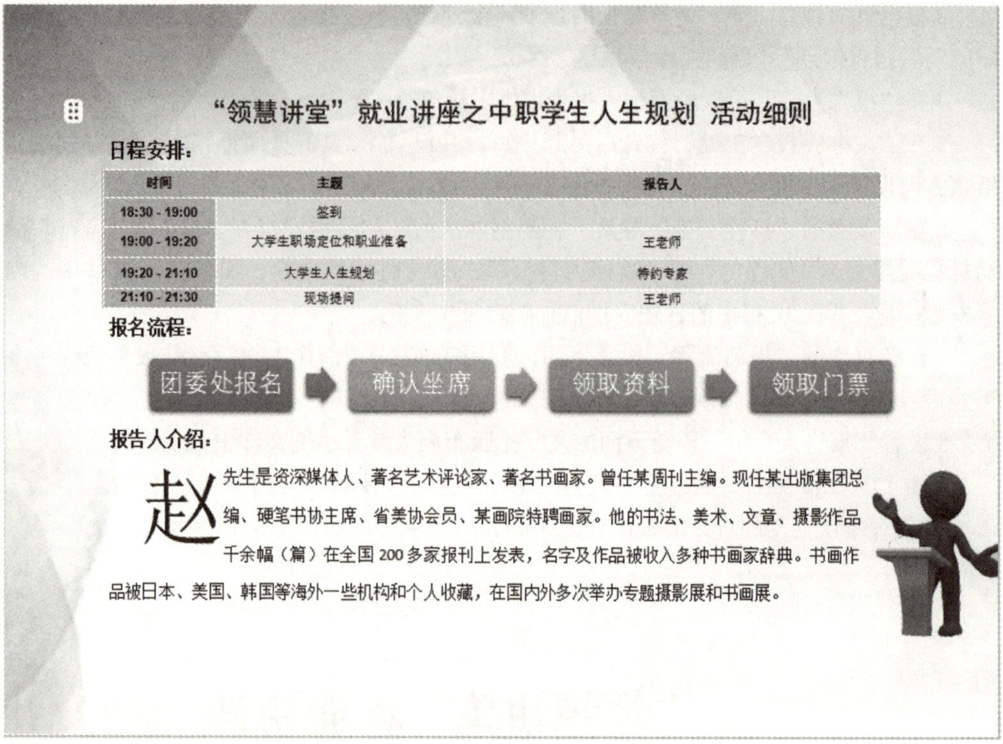

“领慧讲堂”就业讲座之中职学生人生规划 活动细则

日程安排：

时间	主题	报告人
18:30 - 19:00	签到	
19:00 - 19:20	大学生职场定位和职业准备	王老师
19:20 - 21:10	大学生人生规划	特约专家
21:10 - 21:30	现场提问	王老师

报名流程：

团委处报名 → 确认坐席 → 领取资料 → 领取门票

报告人介绍：

赵先生是资深媒体人、著名艺术评论家、著名书画家。曾任某周刊主编。现任某出版集团总编、硬笔书协主席、省美协会员、某画院特聘画家。他的书法、美术、文章、摄影作品千余幅（篇）在全国200多家报刊上发表，名字及作品被收入多种书画家辞典。书画作品被日本、美国、韩国等海外一些机构和个人收藏，在国内外多次举办专题摄影展和书画展。

图1–61 样图

习题演练

一、填空题

1.Word 2021的视图方式有________、________、________、________和草稿。

2.输入相关快捷键：保存________、复制________、粘贴________、剪切________。

3. ________视图用于显示、修改或创建文档的大纲。

4.段落的缩进有________、________、________和________4种形式。

5.在Word的编辑状态，若要对当前文档中的表格设置边框线的宽度，应当使用“格式”菜单中的边框和底纹________命令。

二、选择题

1.Word 的页边距可以通过（　　）进行精确设置。

A.页面视图下的“标尺”

B.“开始”选项卡中的“段落”

C.“文件”菜单下“打印”选项里的“页面设置”

D.“文件”菜单下的“选项”选项

2.如果用户想保存一个正在编辑的文档，但希望以不同文件名存储，可用（　　）命令。

A.保存　　B.另存为　　C.比较　　D.限制编辑

3.Word 文档默认使用的扩展名是（　　　）。

    A..ntf   B..txt   C..dotx   D..docx

4.在一个正处于编辑状态的Word文档中，选择一段文字有两种方法：一种是将鼠标移动到这段文字的开头，按住鼠标左键，一直拖到这段文字的末尾；另一种方法是将光标移动到这段文字的开头，按住（　　　）键再按住方向键，直至选中需要的文字。

    A.Ctrl   B.Alt   C.Shift   D.Esc

5.在Word中要使文字能够环绕图形编辑，应选择的环绕方式是（　　　）。

    A.紧密型   B.四周型   C.无   D.穿越型

学习评价

项目名称		日期		
班级		姓名		
任务内容	评价内容	是否完成	遇到的问题、难点	解决办法
制作通知	1.了解当前主流图文编辑软件的功能及特点； 2.掌握Word文档的新建、录入、复制、粘贴、保存等基本操作方法； 3.掌握Word文档中文字、段落的基本编辑方式。			
	1.会新建、录入、保存文档； 2.会设置文字、段落格式。			
	培养学生的文化素养与职业信念。			
制作消防安全宣传单	1.掌握Word文档中文字、段落的基本编辑方式； 2.掌握Word文档页面的设置方法。			
	1.会设置文字、段落格式； 2.会设置文档页面，会添加边框和底纹。			
	培养学生的安全意识与安全素养。			
制作招聘宣传单	掌握Word文档中艺术字、文本框、形状图形的插入及格式设置方法。			
	会插入艺术字、文本框、形状图形等并设置格式。			
	引导学生树立竞争意识，形成创新素养。			
制作组织架构示意图	掌握Word文档中SmartArt图形的绘制与格式设置方法。			
	会插入艺术字、SmartArt图形等并设置格式。			
	培养学生的团队合作意识。			

项目二
制作文字表格

在编辑文档的过程中，使用表格是对文字叙述的重要补充，是记录数据或事物分类的一种有效表达方式。表格反映的信息更直观，和文字相配合可起到相辅相成、相得益彰的效果。表格具有简明清晰、简洁准确、逻辑性及对比性强等特点。

在本项目中，我们将使用Word制作表格，以呈现文字信息为主，同时在表格中进行简单的数据计算和排序等操作。

学习目标

知识目标： 1.掌握插入表格的方法。

2.掌握表格的行、列的增加或删除，行高、列宽的调整等基本编辑方法。

3.掌握单元格的拆分与合并。

4.掌握表格的边框、底纹设置，文字对齐等设置方法。

5.掌握表格中数据的计算和排序等方法。

技能目标： 1.会使用多种方法插入表格。

2.会将文本转换为表格。

3.会调整表格的行高列宽，会添加或删除行、列。

4.会对单元格进行合并、拆分、删除等。

5.会设置表格的边框、底纹，设置文本的对齐方式等。

6.会对表格中的数据进行计算和排序等。

思政目标： 1.通过"面试登记表"的制作，深化学生对专业理论的认识，树立个人信息保护意识。

2.通过"会议费用预算表"的制作培养学生统筹资源、系统规划的意识。

相关知识

1.文字表格的作用

①文字叙述的辅助和组成部分。

②简化文字叙述，节省篇幅。

③增强对比性、可读性和可靠性。

④条理分明，内容清晰。

⑤调节版式，美化版面。

2.表格编制的具体要求

（1）项目要完整

标题应尽量避免使用点号，标题用语不能太笼统，既要画龙点睛，又要简洁明了，即使读者不看表身，也能了解表的主题。

（2）栏目设置要合理

表格的主谓语是通过表格的纵横栏目来体现的，表格的纵向栏目为主语，是指表格中所要分析说明的对象，一般为分组、时间等，应置于表格的左侧；横向栏目为谓语，表示对主语的说明。

（3）表身的数据书写应规范

表格中的数字一般不带单位，百分数也不带百分号，单位和百分号归并在栏目中。如果栏目中的单位相同，可把共同的单位提出来标示在表格顶线上方的右端，右缩一个汉字位排列。百分数一般只排到小数点后面第二位。

3.表格的编辑加工

①表格的用线。表格的使用趋于简洁化，通常只保留有线表中的几条横线和竖线，而取消了表头的斜线和表身的横向分隔线，但保留了线表的所有功能，这样可使表格在版面上显得清秀、明晰。随着计算机排版技术的发展，表格采用挂网和色块来区分栏目的现象越来越普遍，这种隐藏了线条的表格会显得更加清晰、美观。

②一个表格应尽量保持体形完整。无特殊要求不应分割成两部分或更多部分。表格的编排一般随文列出，要紧接在第一次提到它的文字段后，应尽量与涉及的文字段在同一条目或分目，以便阅读。如表格出现转页时，表格也可以分为两段或多段。转页分段后的每一个续表都要重新编排表头，以利阅读。重排表头的续表起始线上应标注"续表"字样。

③编制表格时，宽度一般和版心的宽度一致，应尽量避免编制超过版心的大表格，必要时可进行表格形式的转换。

④表格中的文字一般比条目释文中的字号小一级。

 任务一

制作面试登记表

任务引入

公司招聘新员工时，为了全面了解员工情况，需要制作面试登记表。办公室秘书小王准备使用Word的表格工具来完成面试登记表的制作，效果如图2-1所示。

面试登记表

应聘部门		应聘岗位		应聘时间		
月薪要求：						
人基本信息	姓　名		性　别		照片	
	出生年月		民　族			
	籍　贯		政治面貌			
	毕业院校		最高学历			
	系　别		专　业			
	电子邮箱		个人主页			
	联系电话					
	通讯地址					
教育经历						
主修课程						
工作实践						
自我评价						

图2-1　面试登记表效果图

任务清单

任务名称	制作面试登记表				
班级		姓名		日期	
环境需求	完成本任务所需的信息工具有哪些？				
活动名称	活动内容及要求				
课前活动	收集：企业中常用的面试登记表，观察其中有哪些项目？				
课中活动	1.讨论：制作文字表格的方法有哪些？ 2.归纳：面试登记表的制作步骤。				
课后活动	1.收集不同的个人简历表。 2.为自己制作一份个人简历表。				

任务知识

1.创建表格的方法

方法1：利用下拉列表创建表格，在"插入"选项卡中找到"表格"组中的表格按钮并单击，在弹出的下拉列表中移动鼠标至需要的单元格位置，单击鼠标便可创建出相应的表格。

方法2：使用"插入表格"对话框，在对话框中输入具体的表格行数及列数，还可以在对话框中确定列的宽度和行的高度。

方法3：使用"绘制表格"，将鼠标变成绘画笔，根据自己的需要绘制一个新的表格。

方法4：使用"文本转换成表格"功能，将已有的文本转换成表格。前提条件是已有文本是按段落标记或制表符、或空格、或逗号等其他字符分隔排列整齐的，如图 2-2 所示。

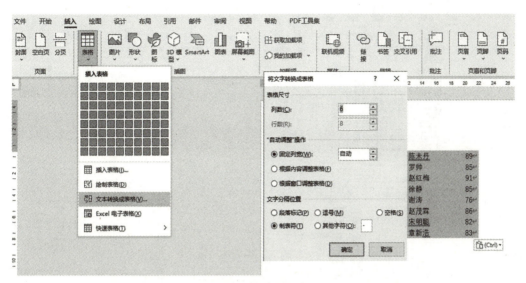

图2-2 文本转换成表格

方法5：使用"Excel电子表格"功能。当涉及复杂数据关系时，可以在 Word 文档中插入一个嵌入的 Excel 工作表，该工作表与在 Excel应用程序中的操作相同，如图2-3所示。

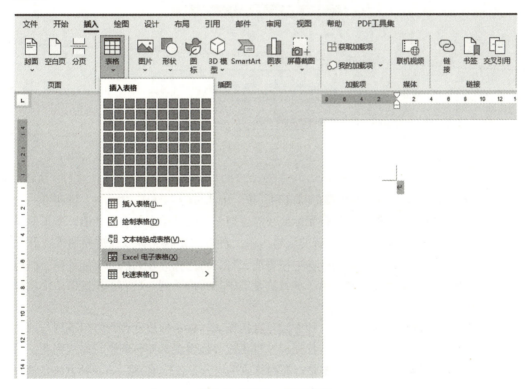

图2-3 插入Excel电子表格

方法6：使用"快速表格"功能。选择一种样式，在 Word空白文档中插入系统提供的快速表格，如图2-4所示。

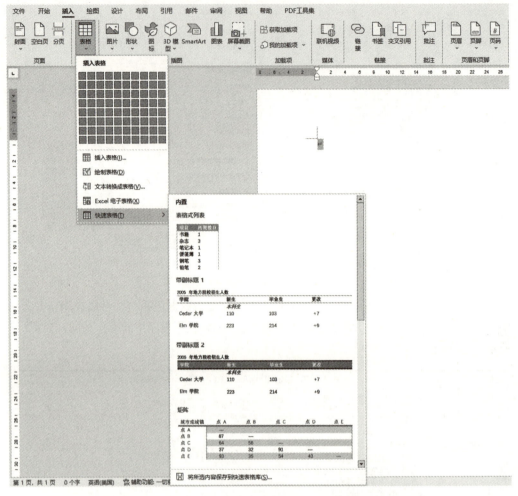

图2-4　快速表格

2.表格行列的设置

添加与删除行列：选中被删除的行或列，按"Backspace"键或"Delete"键即可。

插入行或列：第一种方法是将光标放在需要插入行的最后面的表格外侧，敲击回车键，即可在此行的下面添加一行新的表格。第二种方法是将光标放在需要插入行开头的外侧，这时便会出现⊕，单击此标记便可插入行。将光标放在列的开头的外侧，同样会出现此标记，单击可插入列。第三种方法是选中某行或某列，在右击快捷菜单中选择"插入行或列"。

设置表格的行高和列宽：第一种方法是直接拖动。将鼠标放置在行与行或列与列之间的分隔线上，便会出现标记，按住鼠标左键不放并拖曳鼠标便可调整行高或列宽。第二种方法是自动调整。根据内容调整行高列宽或平均分布各行/各列。第三种方法是输入具体的数值。选中表格，这时菜单栏中便会多出两列选项卡，找到"布局"选项卡中的"单元格大小"组，便可对单元格的行高及列宽进行设置，具体如图2-5所示。

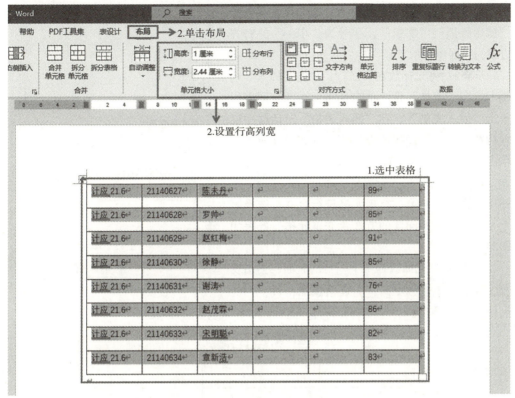

图2-5 "单元格大小"组

温馨提示:

如果只需调整某一个单元格的列宽,只需选中这个单元格,使用鼠标拖曳单元格的边框线进行调整即可。

3.合并/拆分单元格

在文字表格中经常会遇到各行或各列的单元格个数不相等的情况,这时可使用合并或拆分单元格实现复杂表格的创建。选择要合并的多个单元格,鼠标右击,在下拉列表中选择"合并单元格",便可将多个单元格合并为一个单元格。选择要拆分的单元格,鼠标右击,在下拉列表中选择"拆分单元格",在对话框中输入用户需要拆分的行数及列数即可。还可以选中要操作的单元格对象,点击表格的"布局"选项卡,找到"合并"组便可对表格进行合并与拆分。

 **任务实施**

制作面试登记表

步骤1:新建Word文档,并保存文件名为"面试登记表"。

微课

步骤2：输入文字"面试登记表"设置字体为"微软雅黑""加粗"，字号为"小一"，对齐方式为"居中显示"。

步骤3：将光标放在第二行，单击"插入"选项卡，在"表格"组中单击表格，在下拉列表中单击"插入表格"，在"插入表格"对话框中设置行数为"11"，列数为"6"，如图2-6所示。单击"确定"，效果如图2-7所示。

步骤4：选中第二行表格，鼠标右击选择"合并单元格"，对第二行单元格进行合并。选择第十一行分别采用同样的方式合并单元格，效果如图2-8所示。

步骤5：将光标放在第十一行的后面，当出现⊕图标时，单击⊕图标，为表格添加行数，一共添加7行，效果如图2-9所示。

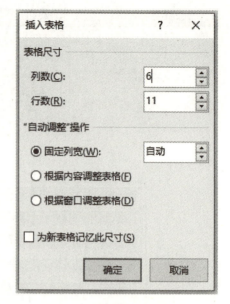

图2-6 设置表格行数和列数

图2-7 插入表格

图2-8 合并单元格

步骤6：选中第一列的第三至第十行，鼠标右击选择"合并单元格"。同样选中第六列的第三至第七行，鼠标右击选择"合并单元格"，效果如图2-10所示。

图2-9　添加行的效果

图2-10　合并列的单元格效果

步骤7：选择第一行、第十一行、第十三行、第十五行、第十七行，单击右键，选择表格属性，调出表格属性对话框，在弹出的对话框中选择行，在指定高度中设置行高为0.7 cm。选择第十二行、第十四行、第十六行、第十八行，以同样的方式设置行高为2 cm。选择第三行至第十行，设置行高为1 cm，效果如图2-11所示。

步骤8：将光标放在第二行的下面，当光标变成 ↔ 按钮时，按住鼠标左键不放并拖曳鼠标调整行高到合适位置。

步骤9：拖选第三行，第一列的表格，使用方法同步骤8一样，调整列的宽度到合适的位置，效果如图2-12所示。

步骤10：选择第八行的第五、六列，鼠标右击选择"合并单元格"对单元格进行合

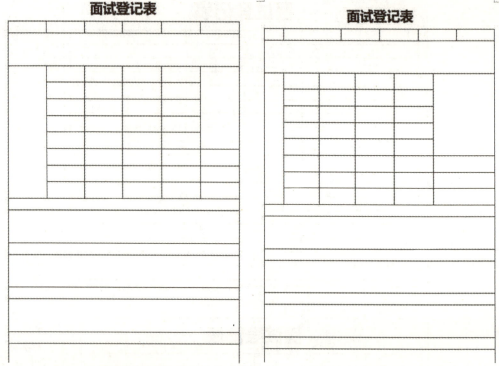

図2-11　调整表格行高效果图　　　　　　　図2-12　调整表格列宽效果图

并；选择第九行的第三列至第九行的第六列，右击选择"合并单元格"；现选择第十行的第三列至第十行的第六列，右击选择"合并单元格"。

步骤11：选择第三行的第六列至第七行的第六列。选中单元格，使用方法同步骤8一样，调整列的宽度到合适的位置。

步骤12：将文本内容输入表格中，选中整个表格，单击"表格-布局"，在"对齐方式"组中单击"水平居中"按钮，让所有文字居中，最终效果如图2-13所示。单击"保存"，面试登记表就制作完成了。

面试登记表

应聘部门		应聘岗位		应聘时间	
月薪要求：					

人基本信息	姓 名		性 别		照片
	出生年月		民 族		
	籍 贯		政治面貌		
	毕业院校		最高学历		
	系 别		专 业		
	电子邮箱		个人主页		
	联系电话				
	通讯地址				

教育经历

主修课程

工作实践

自我评价

图2-13　最终效果图

 任务二

制作会议费用预算表

任务引入

公司准备对新招聘的员工进行培训，经理要求小王制作相应的培训会议费用预算清单，小王决定利用Word 2021提供的表格公式和内置函数对表格中的数据进行计算，完成此次任务。

任务清单

任务名称	制作会议费用预算表				
班级		姓名		日期	
环境需求	完成本任务所需信息工具有哪些？				
活动名称	活动内容及要求				
课前活动	收集企业使用的会议费用预算表，查询其中会涉及哪些项目？				
课中活动	1.讨论：会议费用预算表中的数据是怎样计算出来的？ 2.尝试：制作会议费用预算表。 3.探索：如何将会议费用预算表制作得既美观又醒目？				
课后活动	1.为班级晚会制作费用预算表。 2.制作员工差旅报销表。				

任务知识

1.表格的计算

在Word中的表格计算功能虽不如Excel强大，但同样可以使用公式和函数完成基本的数据计算，比如求和、求积、求平均值等。将插入点定位到保存结果的单元格内，在"表格工具—布局"选项卡中找到数据组，单击"公式"按钮，便可弹出公式对话框，如图2-14所示。在"粘贴函数"中选择相应的函数，"公式"文本框中便会显示相应的函数，在"编号格式"下拉列表中选择格式代码，单击"确定"即可。

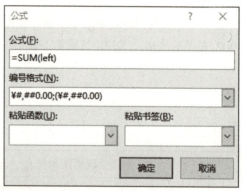

图2-14 "公式"对话框

Word表格中常用公式和函数见表2-1。

表2-1 常用计算公式及含义

常用公式	公式含义
=SUM（　　）	对数值求和
=PRODUCT	求乘积
=AVERAGE	求平均值
=COUNT（　　）	一组值的个数
备注：在函数后面括号中的内容中填上RIGHT是计算本单元格右面的内容；LEFT是计算单元格左面的内容；ABOVE是计算单元格上面的内容。	

2.表格的排序

为了更好地查看数据的大小关系，可以对表格数据按一定的方式来排序，在Word 2021中，在"表格工具—布局"选项卡中找到数据组，单击"排序"按钮，便可弹出"排序"对话框，先在"主要关键字"下拉列表框中选择排序依据，再选择排序方式，即可对数据进行排序，排序分为升序和降序。

任务实施

制作会议费用预算表

微 课

步骤1：新建Word文档，并保存文件名为"会议费用预算表"。

步骤2：输入文字"会议费用预算表"，设置字体为"微软雅黑""加粗"，字号为"二号""居中对齐"。

步骤3：将光标放在第二行，单击"插入"选项卡，在"表格"组中单击表格，在下拉列表中单击"插入表格"，在"插入表格"对话框中设置行数为"8"，列数为"6"，单击"确定"。

步骤4：选中第一列表格，鼠标右击，选择"合并单元格"，对第一列单元格进行合并。选择第8行的第2、3列进行合并，第8行的第4、5、6列进行合并，效果如图2-15所示。

会议费用预算表

图2-15　合并单元格效果图

步骤5：将相应的文字输入表格中，设置字体为"等线（正文）"，大小为"四号"。将所有表格选中，在"表格工具—布局"选项卡中找到对齐方式组，单击"水平居中"按钮操作，效果如图2-16所示。

会议费用预算表

	序号	项目	数量（个）	单价（元）	金额（元）
会议费用	1	交通费	12	20	
	2	会议室	1	400	
	3	住宿费	5	120	
	4	餐饮费	20	15	
	5	设备信息费	1	360	
	6	其他费用			300
	合计				

图2-16　正文输入效果图

步骤6：选中所有表格，在"表格工具—布局"选项卡中找到"单元格大小"组，设置高度"1.2 cm" ⬚1.2厘米 。将光标放在需要调整的列边框线上，当光标变成↔按钮时，按住鼠标左键不放并拖曳鼠标调整列宽到合适位置，效果如图2-17所示。

会议费用预算表

	序号	项目	数量（个）	单价（元）	金额（元）
会 议 费 用	1	交通费	12	20	
	2	会议室	1	400	
	3	住宿费	5	120	
	4	餐饮费	20	15	
	5	设备信息费	1	360	
	6	其他费用			300
		合计			

图2-17　调整边框效果图

步骤7：将光标放在列标题"金额"下面的一个单元格内时，在"表格工具—布局"选项卡中找到数据组，单击"公式"按钮，在弹出公式对话框中删除原有公式，在粘贴函数栏中选择"PRODUCT"，并在"（）"中输入"LEFT"，设置如图2-18所示，便可计算出交通费的乘积。以同样的方式计算出其他项目的预算金额。

步骤8：将光标放在合计后面的单元格中，用步骤7的方式，在"公式"对话框中使用默认公式"=SUM（ABOVE）"，在"编号格式"下拉列表中选择"¥#，##0.00；（¥#，##0.00）"选项，单击"确定"按钮，计算出公议费用的总金额，效果如图2-19所示。

会议费用预算表

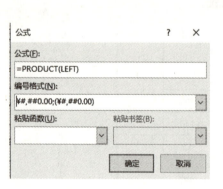

图2-18　公式对话框

	序号	项目	数量（个）	单价（元）	金额（元）
会 议 费 用	1	交通费	12	20	¥240.00
	2	会议室	1	400	¥400.00
	3	住宿费	5	120	¥600.00
	4	餐饮费	20	15	¥300.00
	5	设备信息费	1	360	¥360.00
	6	其他费用			300
		合计		¥2,200.00	

图2-19　公式计算效果图

步骤9：选用拖选的方式选中会议费用预算表的标题，在"表设计"选项卡的"边框"组中单击"边框"，在下拉按钮中选择"边框与底纹"，在弹出的"底纹"对话框中的"颜色"一栏中选择"蓝色"。再选中"交通费、住宿费、设备信息费"所在的行，以同样的方式设置底纹颜色为"浅蓝色"。选中"会议室、餐饮费、其他费用"所在的行并设置底纹颜色为"浅黄色"。选中"合计"所在的行，设置底纹颜色为"浅橙色"，效果如图2-20所示。

步骤10：选中整个表格，在"表设计"选项卡的"边框"组中单击"边框"，在下拉按钮中选择"边框与底纹"，在弹出的"边框"对话框中设置边框的颜色为白色，宽度为2.25磅。

步骤11：选择"其他费用"后面的两个空白的单元格，在"表设计"选项卡的"边框"组中单击"边框"，在下拉按钮中选择"斜下横线"，为表格空白的地方画上斜线。再选中顶端标题行及左边标题例，将字体颜色改为"白色，加粗"。

步骤12：再选中顶端标题行及左边标题列，将字体颜色改为"白色，加粗"。单击"保存"，会议费用预算表即制作完成，效果如图2-21所示。

图2-20　添加底纹效果

图2-21　会议费用预算表效果图

直通高考

1.制作"滑雪冬令营宣传单"

①新建文件：在Word 2021软件中新建一个文档，文件命名为"ks-1.docx"，保存至"Word"文件夹；将素材文件夹中名为Word-1.docx中的内容全部复制粘贴到该文档中。

②页面设置：页边距上下2 cm，左右2.5 cm；纸张大小宽18 cm，高24 cm；页面背景填充"背景.jpg"。

③插入表格6行2列，根据样文对单元格进行合并、拆分（图2-22）。

④将各段落放至相应单元格；第1行第1列标题"滑雪"字体为"幼圆，初号，加粗"，文本效果"填充—水绿色，主题色5 边框，白色，背景色1，清晰阴影"；"冬令营"字体为"方正舒体，初号，加粗"，文本效果"渐变填充—橙色，背景色2—内部阴影"；为标题添加拼音，固定值16磅；"为什么选择我们"字体为"隶书，二号"，文字底纹"蓝色"。

⑤在第1行第2列中插入形状，形状样式"细微效果—水绿色，强调颜色5"，字体为"黑体，小四，加粗"；"尤其教育"文本效果转换"倒V形"。

⑥设置表格第2~3行单元格字体为"隶书，四号"，添加项目符号。

图2-22　样文1

⑦设置表格第4行单元格字体为"华文琥珀，小四"，"黑体，小四"。

⑧设置表格第5行插入图"1.jpg""2.jpg""3.jpg""4.jpg"。

⑨"冬季滑雪的好处："字体为"四号，加粗"，文字颜色设为渐变"线型向下"；表格最后1行单元格字体为"微软雅黑，小四"；内容部分添加编号；在该单元格中插入形状，按样文设置字体及颜色（图2-22）。

⑩设置表格边框线（图2-22）。

2.制作"经典诵读"文档

①新建文件：在Word 2011软件中新建一个文档，文件名为ks-1.docx，保存至"Office"文件夹；将素材文件夹中名为Word-1.docx中的内容全部复制粘贴到该文档中。

②页面设置：页边距上2 cm，下1 cm，左右各2.5 cm；横向；页眉文字为"隶书，四号，蓝色"（图2-23）。

③插入4行3列表格，合并部分单元格；按照图2-22所示将各段落放至相应单元格。

④将"词曲欣赏"设置为艺术字，艺术字样式为"渐变填充–水绿色，主题色5 映

象"，字体设为"隶书，30，加粗"，文本效果转换"波形，下"；正文字体为"微软雅黑，小四，竖排"，左右缩进0.5字符，标题加粗。

图2-23　样文2

⑤将第1列前3个单元格底纹依次设置为"浅绿""黄色""浅蓝"；字体为"黑体，小四"；固定行距20磅；添加编号；设置第4行单元格底纹为"浅绿"；字体为"华文细黑，五号"；单倍行距。

⑥将正文中的数字、"赤壁怀古""樯橹""译文"设置特殊格式（图2-23）。

⑦插入图片"1.jpg"，透明度80%，环绕方式为"衬于文字下方"。

⑧表格边框为"单实线，6磅"，颜色为"白色，背景1，深色15%"（图2-23）。

考级实战

制作"办公用品订购单"

办公用品经营部是市内一家以办公用品销售为主要业务的办公用品批发公司，现某单位在网上订购了一批业务，需制作一份办公用品订购单，规范网上订购与配送业务。经理要求秘书小王使用Word 2021完成此次表格制作任务。

1.输入表格名称"办公用品订购单"，设置字体为"微软雅黑，一号，加粗"。再输入订购日期及单号，并调整位置。

2.将订购单划分为订购人资料、收货人资料、订购用品资料，结算方式、付款方式、配送方式等几个区域创建5列16行的表格，并根据"办公用品订购单"对表格进行编辑。

3.输入订购单的文本内容。

4.为制作完成的表格套用一种表格样式，使表格的每一栏更加清晰，美观，并参照"办公用品订购单"对表格中标题部分填充深绿色底纹。

5.将标题的文本设置为"白色，加粗"。

6.选中文档的全部文本，设置单元格对齐方式为"居中对齐"。

7.通过"表格工具—布局"选项卡中的"公式"选项，对表格的每一项金额及合计金额进行计算。

8.对选择性的项目，可以插入空心方框作为选择框。

9.文档制作完成后，保存"办公用品订购单.docx"文件，样例如图2-24所示，关闭Word应用程序。

办公用品订购单

订购日期：　　年　　月　　日　　　　　　单号：

订购人资料	姓名		电子邮箱		
	手机号码		身份证号		
	联系地址				
收货人资料	姓名		手机号码		
	收货地址				
	备注				

订购用品资料	货号	名称	单价（元）	数量（个）	金额（元）
	3399	中性笔	10.5	100	¥1,050.00
	5623	档案盒	9.5	50	¥ 475.00
	9848	得力文件架	33	10	¥ 330.00
	0371	订书机	23.9	20	¥ 478.00
	0654	笔记本	22	10	¥ 220.00

合计金额：¥2,553.00

结算方式	□直接支付　　　　□货到付款
付款方式	□银行汇款　　□支付宝转账　　□微信转账
配送方式	□自提货物　　　　□送货上门

注意事项	1）各项信息请务必详细填写，以便尽快为您服务。
	2）在收到你的订单后，我们的客服人员会及时与您联系，以确认订单。
	3）订单一经确认，我们将在5个工作日内发货。
	4）收货后如遇数量不符或质量问题请及时与我们的客服人员联系。
	5）如需咨询订购流程或商品信息，可拨打公司免费订购与咨询电话：010-********。

图2-24　样文3

习题演练

一、填空题

1.在Word 2021编辑状态下，创建表格，有_____、_____、_____、_____、_____、_____6种方法。

2.文档中有一个表格，当"表格"命令菜单中的"选定表格"命令变成灰色时，说明插入点在_____。

3.在Word 2021中表格的对齐方式有_____、_____、_____。

4.在Word 2021中，若要计算表格中某行数值的总和，可使用的统计函数是_____。

5.在Word的编辑状态，若要对当前文档中的表格设置表线的宽度，应当使用"格式"菜单中的_____命令。

二、选择题

1.选定表格的一行后，可进行（　　）操作。

　　A.插入　　　　　　B.删除　　　　　　　C.设置边框　　　　　　D.以上都是

2.要在表格的右侧增加一列，首先选择表右侧的所有行结束标记，然后单击常用工具上的（　　）按钮。

　　A.插入行　　　　　B.插入列　　　　　　C.增加行　　　　　　　D.增加列

3.删除表格中斜线的正确命令或操作方法是（　　）。

　　A.选择表格菜单中的删除斜线命令　　　B.单击表格和边框工具栏上的"擦除"按钮

　　C.选择表格菜单中的删除单元格　　　　D.选择单元格单击合并单元格按钮

4.在Word 2021编辑状态下，若光标位于表格外右侧的行尾处，按Enter（回车）键，结果是（　　）。

　　A.光标移到下一列　　　　　　　　B.光标移到下一行，表格行数不变

　　C.插入一行，表格行数改变　　　　D.在本单元格内换行，表格行数不变

5.在Word的编辑状态，当前文档中有一个表格，选定表格内的部分数据后，单击格式工具栏中的"居中对齐"按钮后，（　　）。

　　A.表格中的数据全部按居中对齐格式编排

　　B.表格中被选择的数据按居中对齐格式编排

　　C.表格中的数据未按居中对齐格式编排

　　D.表格中的数据全部按居中对齐格式编排

学习评价

项目名称		日期			
班级		姓名			
任务内容	评价内容	是否完成	遇到的问题、难点	解决办法	
制作面试登记表	1.掌握在Word中创建表格的方法； 2.表格的行、列的增加或删除，行高、列宽的调整等基本编辑方法； 3.掌握单元格的拆分或合并操作。				
	1.会创建表格并在表格中录入文本； 2.会增加或删除表格的行或列，会设置表格的行高和列宽； 3.会拆分与合并表格。				

续表

任务内容	评价内容	是否完成	遇到的问题、难点	解决办法
制作面试登记表	深化学生对专业理论的认识，树立个人信息保护意识。			
制作会议费用预算表	1.掌握表格的边框、底纹设置，文字对齐方式的设置等方法； 2.掌握表格中数据的计算和排序等方法。			
	1.会设置表格边框的粗细及颜色，能设置表格的底纹； 2.能设置文字在表格中的对齐方式； 3.能在表格中求和、求积、求平均数、统计个数及排序。			
	通过制作会议费用预算表培养学生资源统筹、系统规划的意识。			

项目三
制作长文档

在日常生活和工作中，我们经常会遇到撰写论文、制作计划书、撰写报告、编排书稿和长文档制作等事务。长文档的结构较复杂，排版样式也相对多样化。特别是长文档的多级标题、页眉页脚的设置都比较复杂。如果稍不注意，就会使文档的排版杂乱。

在本项目中，我们将学习制作长文档，掌握相关技巧，比如样式的新建、修改、应用和导入，页眉页脚的设置，目录的编辑，题注的添加等。

学习目标

知识目标：1.掌握样式的应用方法。

2.掌握多级列表的应用方法。

3.掌握目录的制作方法。

4.掌握页眉、页脚、页码的添加及修改方式。

5.掌握题注的添加与交叉引用。

6.掌握索引的添加。

技能目标：1.会应用样式为长文档调整格式。

2.会应用多级列表。

3.会快速添加和设置目录。

4.会为长文档添加与设置页眉、页脚、页码。

5.会为图表添加题注及设置交叉引用。

6.会添加索引。

思政目标：1.在制作过程中利用系统思维及层次思维解决排版中的思维混乱问题，培养同学们的科学思维方式。

2.培养学生们严谨的科学态度与耐心执着的工匠精神。

相关知识

1.样式、样式集、多级列表

样式：样式是字体、字号和缩进等格式设置特性的组合，人们将这一组合作为集合加以命名和存储。应用样式时，将同时应用该样式中所有的格式设置指令。在长文档中应用样式功能，可轻松进行文本格式的修改以及长文档目录的构造。用户可根据自身需求对样式进行修改、更名、新建等操作。

样式集：样式的集合，将不同的样式结合起来，并将设置好的一大堆样式打包；在文档中应用样式的情况下，人们可以利用样式集快速切换整篇文档的格式风格，修改已有文档，比如求职信、会议记录、论文、标书等。

多级列表：通过多级列表可以对使用过样式的文本进行自动的多级编号，也可以实现不同级别标题之间的嵌套。这里的嵌套就是在已有的高层级标题中再加进去一个下一级别的标题标号，如第1章，1.1，1.1.1。相比于手动输入的标题编号，多级列表在更换位置后，可自动调整编号，节约时间，提高效率。

2.目录

目录是根据秩序编排以供阅读者查考的图书或篇章的名目，在长文档编辑中目录的操作极为重要，在插入目录前必须要对文本内容进行适当的样式应用。

3.页

打印出来的每一页纸，就是一页。

4.节

节并不能直观地表现出来，是通过对文章中的各个部分进行不同的页面设置来体现节的作用。因为对于页面设置来说，通常是应用于整篇文章的，比如页面方向、页边距、页眉页脚等，但如果需要对某部分进行特殊处理，比如论文中间有一页需要将纸张横过来放一张超宽的图，该怎么办呢？这时，"节"就能起到作用了。如果将需要横过来的这一页设置为单独的一"节"，那么就可以对这一节进行特别的页面设置，比如横向纸张。

在需要改变文档以下特性时，需要创建新的节：页面方向、页边距、分栏状态、纵向对齐方式、行号、页眉和页脚样式、页码、纸型大小及纸张来源等。

5.对称页边距

对称页边距是指设置双面文档的对称页面。长文档的制作经常会用到对称页边距，例如书籍或杂志。在这种情况下，左侧页面的页边距是右侧页面页边距的镜像（即内侧页边距等宽，外侧页边距等宽）。

任务一

制作规范书稿

任务引入

　　公司需要对财务人员做相关的财务培训，财务部整理了一部分财务基础知识作为培训教材，但做得不够规范，领导要求小王将培训教材重新排版，要求做得规范和美观。小王决定用Word软件的长文档样式对书稿进行重新排版。

任务清单

任务名称	制作规范书稿				
班级		姓名		日期	
环境需求	完成本任务所需信息工具有哪些？				
活动名称	活动内容及要求				
课前活动	1.收集一些书稿并观察其排版特点。 2.思考：书稿排版设置包含哪些内容？				
课中活动	1.讨论：书稿排版中要设置哪些样式？ 2.思考：怎样将其他文档的样式应用到本文档中？ 3.尝试：为书稿设置样式，排版使其规范、美观。				
课后活动	1.尝试在书稿页脚处添加页码。 2.尝试为其他书稿设置样式。				

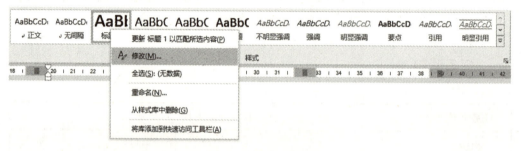
> 图中上方显示"任务知识"标题

任务知识

1.样式的应用

样式就是已经命名的字符和段落格式，在长文档的制作过程中，相同级别标题的字体及段落格式是一致的，可以设置为一种样式，重复应用更加方便快捷。在"样式"选项组中系统提供了多种样式，选择其中一种应用于文档中，也可以先修改样式后再应用，还可以新建样式再应用。以"标题1"样式为例，右键单击"开始"选项卡下"样式"功能组中的"标题1"，在弹出的下拉列表中选择"修改"命令，如图3-1所示。在弹出的"修改样式"对话框中修改相应的字体格式，其它格式设置需在"格式"按钮里进行设置，如图3-2所示。

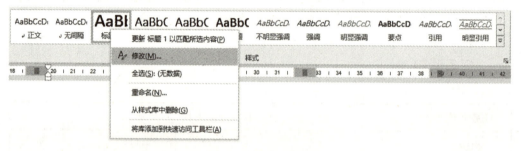

图3-1　修改样式方式

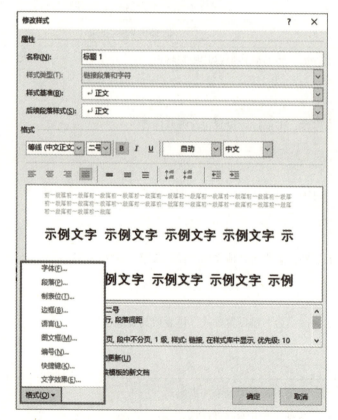

图3-2　修改样式对话框

2.新建图片样式

文档中有多张图片时，为了使图片具有统一的格式，可以使用样式功能进行新建样式设置。选中文档中的图片，在"样式"组中单击向下的箭头，在下拉列表中选择"创建样式"按钮，使用弹出的"根据格式化创建新样式"对话框便可对图片的格式进行设置，如图3-3、图3-4所示。

图3-3　创建样式

图3-4　创建样式对话框

3.题注的添加及交叉引用

题注是在图、表格等对象的上方或下方添加带有编号的说明信息，当文档中这些对象的数量和位置发生变化时，Word会自动更新题注编号。选择需添加题注的对象，在"引用"选项卡中找到"题注"组，单击"插入题注"按钮，打开"题注"对话框，单击"新建标签"按钮，打开"新建标签"对话框，在"标签"文本框中输入题注标签名称，单击"确定"按钮。然后返回"题注"对话框，在"题注"文本框中输入说明文字，在"位置"下拉列表框中选择位置，单击"确定"按钮即可，如图3-5所示。

图3-5　题注对话框

4.添加脚注和尾注

脚注位于文档页面底部，一般用于当页中的注释与说明。在"引用"选项卡中找到"脚注"组，再单击"插入脚注"按钮。光标将自动跳转至当前页面的下方，此时便可输入需要的文本内容。

尾注位于文档末尾，用于集中说明整个文档的情况或列出引文的出处等。在"引用"选项卡中找到"脚注"组，单击里面的"插入尾注"按钮，插入点将自动跳转至文档末尾，此时可按需要输入相应的文本内容。

温馨提示：

　　如需修改脚注或尾注，可选中要移动的脚注或尾注的注释标记，并将其拖曳到所需的位置即可。删除脚注或尾注只需选中要删除的脚注或尾注的注释标记，然后按Delete键即可，此时脚注或尾注区域的注释文本同时被删除，文档会自动重新调整脚注或尾注的编号。

 **任务实施**

微课

制作规范化书稿

步骤1：单击"布局"→"页面设置"→"页边距"按钮，弹出"页面设置"对话框，在其中设置纸张大小16开，对称页边距，上边距2.5 cm、下边距2 cm，内侧边距2.5 cm，外侧边距2 cm，装订线1 cm。

步骤2：书稿中包含3个级别的标题，分别用"（一级标题）""（二级标题）""（三级标题）"字样标出，单击"开始"选项卡，在"样式"组找到"标题1"样式，并单击鼠标右键，在下拉列表中选择"修改"，调出"修改样式"对话框。修改

"标题1"格式为"小二号，黑体、不加粗"。在段落对话框里设置段前1.5行、段后1行，行距最小值12磅，居中，如图3-6所示。

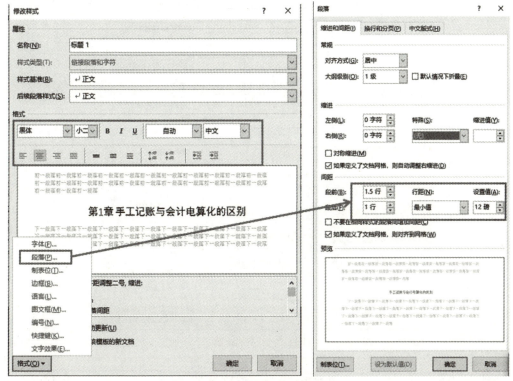

图3-6　标题1样式修改

步骤3：以步骤2同样的方法设置"标题2"样式为"小三、黑体、不加粗、段前1行、段后0.5行，行距最小值12磅"。"标题3"样式设置为"小四号、宋体、加粗、段前12磅，段后6磅，行距最小值12磅"。特殊格式设置为"无"。

步骤4：单击"开始"→"段落"→"多级列表"，在下拉列表中选择"定义新的多级列表"，在弹出的对话框中单击"更多"，在编号格式中修改为"第1章"，"将级别链接到样式"设置为"标题1"，如图3-7所示。

步骤5：以步骤4相同的方式设置2级编号格式为"1-1"，"将级别链接到样式"设置为"标题2"，设置3级编号格式为"1-1-1"，文本缩进位置为1.75 cm，对齐位置为0.75 cm，"将级别链接到样式"设置为"标题3"，如图3-8所示。

步骤6：单击"开始"→"编辑"→"查找"，在"导航窗格"中输入"一级标题"，单击回车键，单击导航窗格中的结果，所有一级标题都在里面显示，依次选中这些标题，单击样式中的"标题1"即可。

步骤7：以步骤6的方式将标注有"二级标题"字样的设置为"标题2"样式，将标注有"三级标题"字样的设置为"标题3"样式。

步骤8：样式应用结束后，将书稿中各级标题文字后面括号中的提示文字及括号"（一级标题）""（二级标题）""（三级标题）"全部删除，效果如图3-9所示。

步骤9：光标放在需要插入题注的表头上，单击"引用"→"题注"→"插入题注"，调出题注对话框，点击"新建标签"，在标签中输入"表"单击"确定"，在题

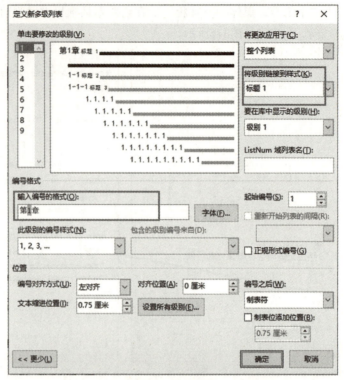

图3-7 级列表设置

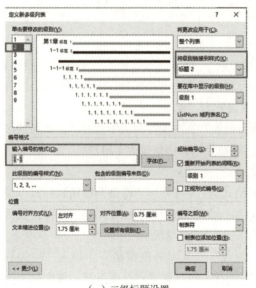

（a）二级标题设置

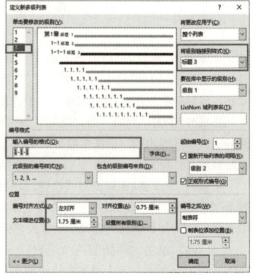

（b）三级标题设置

图3-8 二、三级列表设置

微 课

注对话框中点击"编号"，题注编号对话框中勾选上"包含章节号"，"章节起始样式"设置为"标题1"，使用分隔符设置为"- 连字符"点击确定。回到题注对话框中点击"确定"即可。样式"题注"的格式修改为"仿宋""小五号""居中"，如图 3-10 所示。

步骤10：其余表格添加题注只需直接"插入题注"，无须再设置参数及格式。以同

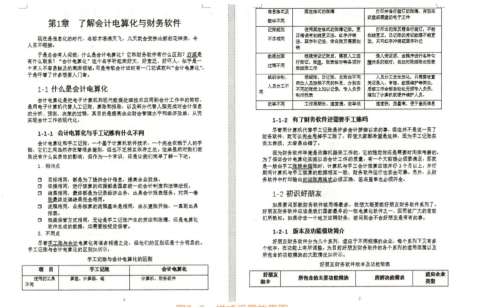

图3-9　样式设置效果图

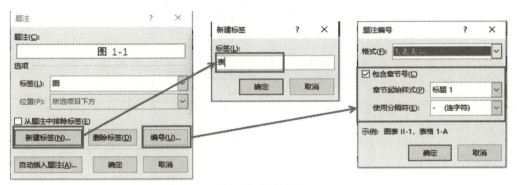

图3-10　插入题注

样的方式类推为文档内所有的表格添加题注。

　　步骤11：为图添加题注和为表添加题注相似，将光标放在图下方的说明文字前，单击"引用"→"题注"→"插入题注"，调出题注对话框，单击"新建标签"，在标签中输入"图"单击"确定"，在题注对话框中点击"编号"，题注编号对话框中勾选上"包含章节号"，"章节起始样式"设置为"标题1"，使用分隔符设置为"– 连字符"点击"确定"。回到题注对话框中单击"确定"。然后在需要添加图注的地方，直接插入"题注"，标签选择"图"即可。选中新插入的图注，在样式中选择"题注"样式应用于图注上。用此方法为文档中其他图片添加图注并应用样式，如图 3–11所示。

　　步骤12：将光标放在第一个红色标记"如所示"处，单击"引用"→"题注"→"交叉引用"，弹出对话框，在引用类型里选择"表"，引用内容里选择"仅标签和编号"，引用哪一个题注中选择"表1–1"，引用效果与设置如图3–12所示。

　　步骤13：图的交叉引用与步骤12的操作方法一致，只需在引用类型中选择"图"，并在引用哪一个题注中选择相应的图即可。

　　步骤14：按快捷键"Ctrl+A"全选所有文档，设置字体颜色为黑色，保存文档，文章排版即完成，效果如图3–13所示。

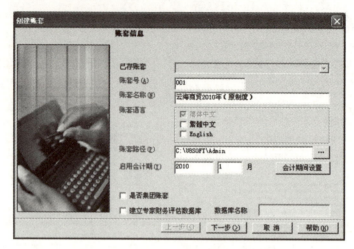

图3-11　题注效果

手工记账与会计电算化的区别如表 1-1 所示。

图3-12　引用效果及设置

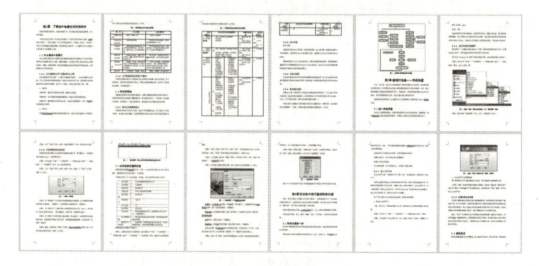

图3-13　书稿排版效果图

 **任务二**

制作学术论文

任务引入

小王利用工作之余，考取了在职研究生，在导师的指导下，他撰写了一篇论文，但是论文格式不符合要求，导师叫他按规定修改一下。小王决定用Word长文档样式修改论文格式。

任务清单

任务名称	制作学术论文				
班级		姓名		日期	
环境需求	完成本任务所需信息工具有哪些？				
活动名称	活动内容及要求				
课前活动	收集本科或硕士毕业论文，观察其排版特点。				
课中活动	1.思考：学术论文排版主要包含哪些内容？ 2.讨论：论文排版中如何设置两种不同的页码？ 3.思考：如何为论文添加目录？添加目录的方法有哪些？				
课后活动	尝试对考级实战中的论文进行排版。				

任务知识

1.分节符

分节符是指为表示节的结尾插入的标记。分节符包含节的格式设置元素，如页边距、页面方向、页眉和页脚，以及页码的顺序，起着分隔其前面文本格式的作用。分节符用一条横贯屏幕的虚双线表示。如果删除了某个分节符，它前面的文字会合并到后面的节中，并且采用后者的格式设置。在插入分节符时，首先将光标定位到准备插入分节符的位置，然后切换到"布局"选项卡中，在"页面设置"组中单击"分隔符"按钮。在打开的分隔符列表中，"分节符"区域列出了4种不同类型的分节符，有"下一页""连续页""奇数页""偶数页"等。通常情况下，分节符只能在"大纲"视图模式下看到，如果你想在页面视图中显示分节符，需选中"常用"工具栏中的"显示/隐藏编辑标记"即可。

2.页眉、页脚、页码

页眉和页脚：页眉页脚区域可以显示文档的辅助信息，如文件名、制作单位、页码等。在"插入"选项卡里面找到"页眉和页脚"组，单击"页眉"下拉列表，选择"编辑页眉"，文档进入页眉页的编辑状态，可在页眉处输入相应的文字。在进入页眉的编辑状态后，切换到"页眉和页脚"选项卡中，如图3-14所示，这时可在选项卡中对页眉页脚里进行插入页码、插入日期操作，既可以设置页眉到顶端的距离及页脚到底端的距离，还可以在页眉和页脚之间进行相互切换。

图3-14 "页眉和页脚"选项卡

页眉和页脚的格式设置：在插入页眉和页脚后，为使其达到更加美观的效果，还可以为其设置格式。设置页眉和页脚格式的方法与设置文档中的文本方法相同。除了能在此区域添加文字外，还可以在此区域插入图片、图形等，图片、图形的编辑方法和前面所讲的图形、图片编辑方法一致。

💡 **温馨提示：**

在长文档的制作中，需要对每一章节的页眉和页脚设置不同的内容时，可以先将每一章节用分节符断开，然后再进行页眉页脚的设置。

插入页码：在"页眉和页脚"选项卡中，单击"页码"按钮，在弹出的下拉列表中选择需要插入的位置，并在弹出的列表中选择所需要的页码样式即可，如图3-15所示。

设置页码格式：在"页眉和页脚"选项卡中，单击"页码"按钮，在弹出的下拉列表中选择"设置页码格式"，在弹出的"页码格式"对话框中找到"编号格式"列表框，选择所需要的页码格式，如图3-16所示。

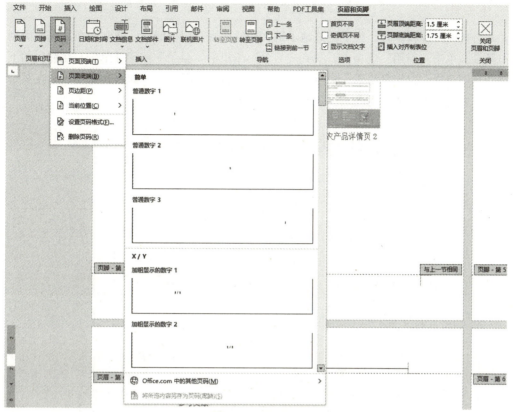

图3-15　插入页码

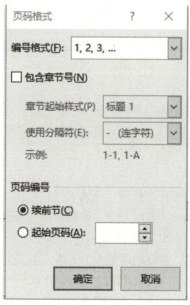

图3-16　页码格式对话框

3.导航窗格

导航窗格是一个用于显示文档标题的单独窗格，可通过文档结构图在整个文档中快速漫游并追踪特定位置。单击"视图"→"显示"→"导航窗格"复选框，即可调出导航窗格，单击导航窗格中要跳转至的标题即可跳转至文档中相应位置。

4.目录

当文档内容较多时，为了更好地了解文档的内容并引导阅读，通常会在文档前面制作目录。单击"引用"选项卡，找到"目录"组里的"目录"按钮并单击，在弹出的下拉列表中选择"自定义目录"命令，便可弹出"目录"对话框，如图3-17所示，在其中设置目录的格式和显示级别，单击"确定"按钮即可。

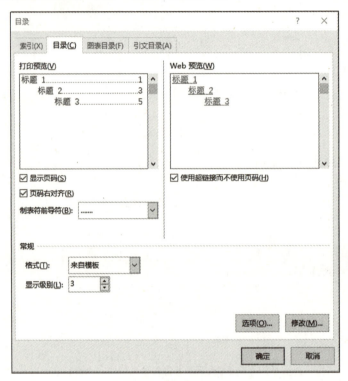

图3-17　目录对话框

任务实施

制作学术论文

步骤1：打开Word文档"论文排版（原稿）"。

步骤2：单击"视图"→"显示"→"导航窗格"复选框，调出导航窗格，如图3-18所示。

步骤3：选中论文标题，将标题设置为"宋体，小二，加粗，居中"。

步骤4：选中"摘要"，单击"开始"→"样式"→"标题1"，为摘要设置"标题1"样式，在"段落"组中单击"编号"按钮三▾，为摘要取消编号。选中文档最后的"参考文献"，以相同的方式进行设置，效果如图3-19所示。

步骤5：在导航窗格中，选中一级标题，单击"开始"→"样式"→"标题1"，分别设置成"标题1"的样式，效果如图3-20所示。

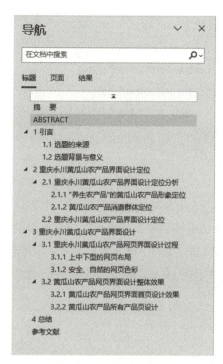

图3-18　导航窗格对话框

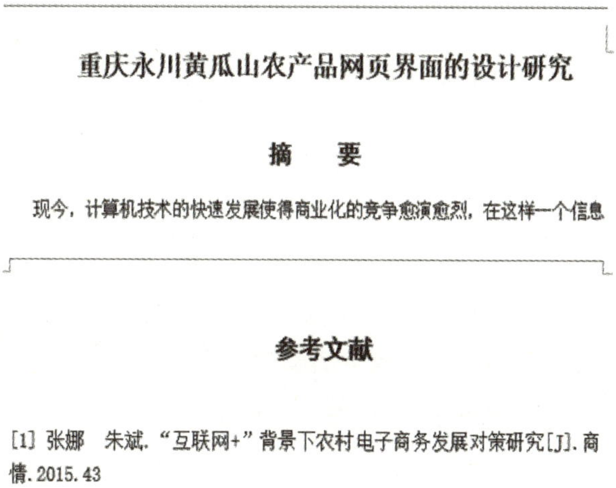

重庆永川黄瓜山农产品网页界面的设计研究

摘　要

现今，计算机技术的快速发展使得商业化的竞争愈演愈烈，在这样一个信息

参考文献

[1] 张娜　朱斌. "互联网+" 背景下农村电子商务发展对策研究[J]. 商情. 2015. 43

图3-19　摘要设置效果

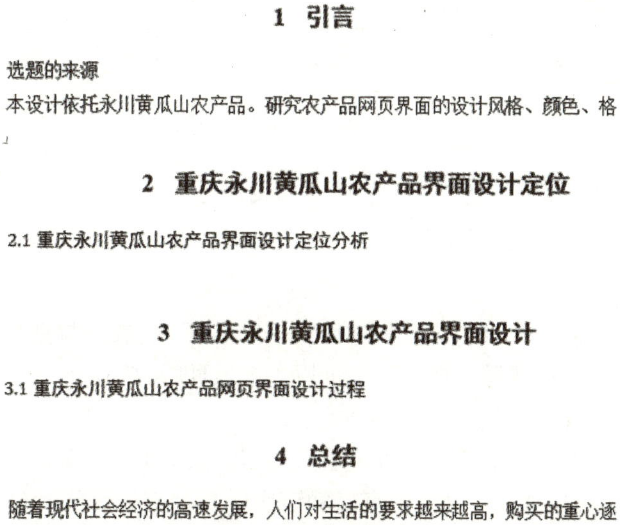

1　引言

选题的来源

本设计依托永川黄瓜山农产品。研究农产品网页界面的设计风格、颜色、格

2　重庆永川黄瓜山农产品界面设计定位

2.1 重庆永川黄瓜山农产品界面设计定位分析

3　重庆永川黄瓜山农产品界面设计

3.1 重庆永川黄瓜山农产品网页界面设计过程

4　总结

随着现代社会经济的高速发展，人们对生活的要求越来越高，购买的重心逐

图3-20　标题1样式

步骤6：在导航窗格中，选中二级标题，单击"开始"→"样式"→"标题2"，分别设置成"标题2"的样式，效果如图3-21所示。

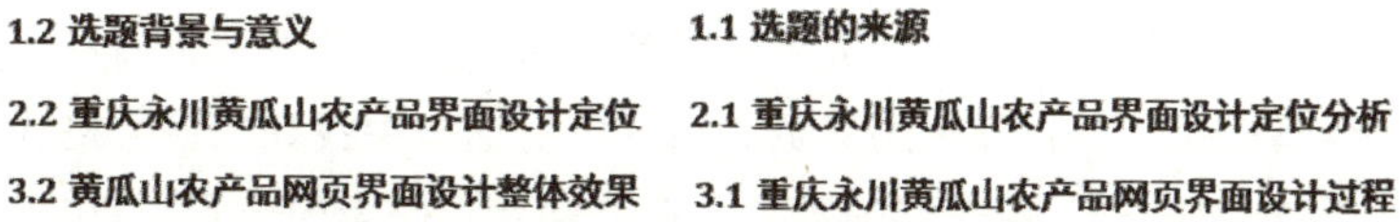

1.2 选题背景与意义　　　　**1.1 选题的来源**

2.2 重庆永川黄瓜山农产品界面设计定位　　**2.1 重庆永川黄瓜山农产品界面设计定位分析**

3.2 黄瓜山农产品网页界面设计整体效果　　**3.1 重庆永川黄瓜山农产品网页界面设计过程**

图3-21　标题2样式

步骤7：在导航窗格中，选中三级标题，单击"开始"→"样式"→"标题3"分别设置成"标题3"的样式，效果如图3-22所示。

2.1.1 "养生农产品"的黄瓜山农产品形象定位　　2.1.2 黄瓜山农产品消费群体定位

3.1.1 上中下型的网页布局　　3.1.2 安全、自然的网页色彩

3.2.1 黄瓜山农产品网页界面首页设计效果　　3.2.2 黄瓜山农产品所有产品页设计

图3-22　标题3样式

步骤8：选中正文部分，单击"开始"→"样式"→"正文"，设置成"正文"样式。

步骤9：单击"视图"→"视图"→"大纲"，进入大纲视图查看分节符。将光标放在第2节"2重庆永川黄瓜山农产品界面设计定位"的前面，单击"布局"→"页面设置"→"分隔符"→"连续"，为第1节与第2节之间添加分节符。利用相同的方式为第2节与第3节之间，第3节与第4节之间添加分节符，效果如图3-23所示。

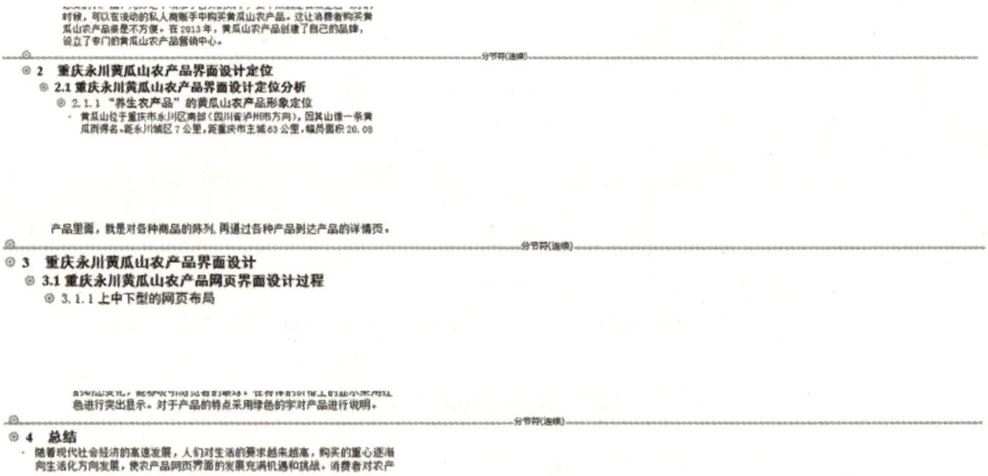

图3-23　分页符设置效果

步骤10：单击"插入"→"页眉和页脚"→"页眉"，在下拉列表中选择"空白"样式，在页眉上输入"摘要"字样。双击页眉，进入页眉的编辑状态，在每一节的页眉上输入每个章节的标题，效果如图3-24所示。

步骤11：双击摘要部分的页眉，进入页眉编辑状态，单击"导航"组中的"转至页脚"，进入页脚的编辑状态，单击"页眉和页脚"→"页码"→"设置页码格式"，在弹出的"页码格式"对话框中找到"编号格式"，在下拉列表中选择"Ⅰ，Ⅱ，Ⅲ…"，单击"确定"，如图3-25所示。

步骤12：在页脚编辑状态下，单击"页码"→"页面底端"，在下拉列表中选择"普通数字2"的方式添加页码，效果如图3-26所示。

步骤13：双击引言部分的页脚，进入页脚的编辑状态，单击"页眉和页脚"→"页码"→"设置页码格式"，在弹出的"页码格式"对话框中找到"编号格式"，在下拉列表中选择"1，2，3…"，单击"确定"。在"起始页码"内设置1，单击"确定"按钮。设置如图3-27所示，再以步骤12的方式添加页码。这时引言部分将从1开始编页码，并以"1，2，3"的格式进行显示。

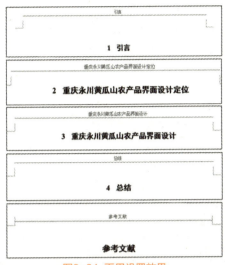

1 引言
重庆永川黄瓜山农产品界面设计定位
2 重庆永川黄瓜山农产品界面设计定位
重庆永川黄瓜山农产品界面设计
3 重庆永川黄瓜山农产品界面设计
4 总结
参考文献
参考文献
图3-24 页眉设置效果

页码格式
?
编号格式(F):
1, 2, 3, ...
A, B, C, ...
i, ii, iii, ...
I, II, III, ...
一, 二, 三 (简)...
壹, 贰, 叁 ...
包含章节号
章节起始样
使用分隔符(E):
- (连字符)
示例:
1-1, 1-A
页码编号
续前节(C)
起始页码(A):
确定
取消
图3-25 设置页码格式

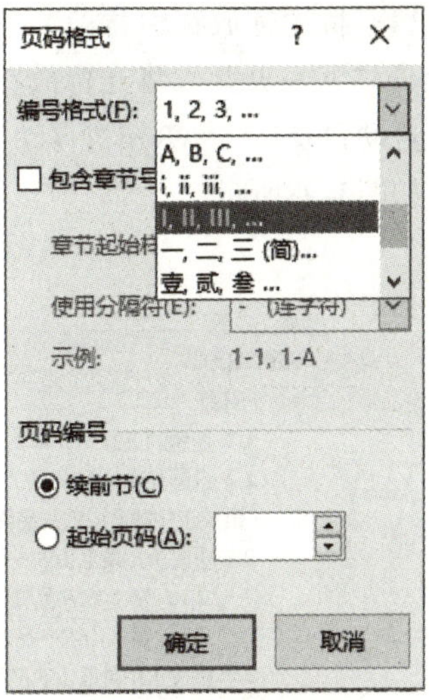

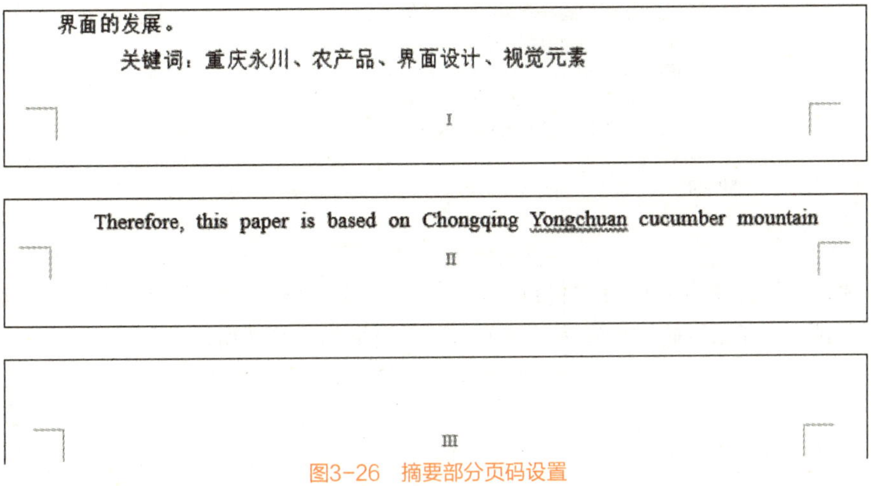

界面的发展。
关键词：重庆永川、农产品、界面设计、视觉元素
I
Therefore, this paper is based on Chongqing Yongchuan cucumber mountain
II
III
图3-26 摘要部分页码设置

页码格式
?
编号格式(F):
1, 2, 3, ...
包含章节号(N)
章节起始样式(P)
标题 1
使用分隔符(E):
- (连字符)
示例:
1-1, 1-A
页码编号
续前节(C)
起始页码(A):
1
确定
取消
图3-27 始页码设置

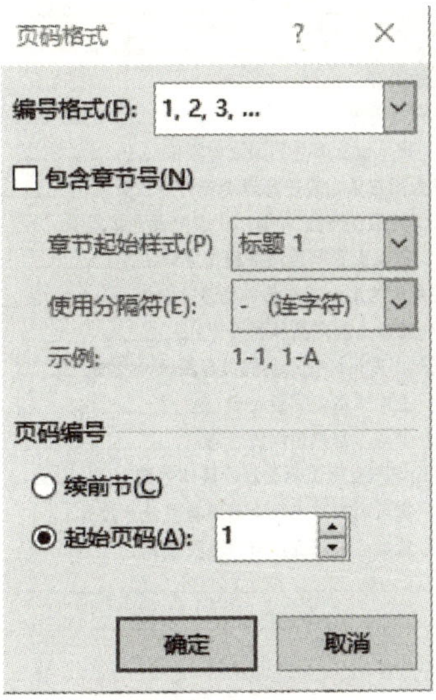

步骤14：将光标放在引言前，单击“布局”→“页面设置”→“分隔符”，在下拉列表中单击“下一页”。将光标放在空白页上，单击“引用”→“目录”，在下拉列表中单击“自动目录1”，Word将自动生成目录。选中“目录”设置为“二号，黑色，居中显示”，如图3-28所示。

目 录

摘　要 I
ABSTRACT II
1　引言 1
1.1 选题的来源 1
1.2 选题背景与意义 1
2　重庆永川黄瓜山农产品界面设计定位 2
2.1 重庆永川黄瓜山农产品界面设计定位分析 2
2.1.1 “养生农产品”的黄瓜山农产品形象定位 2
2.1.2 黄瓜山农产品消费群体定位 2
2.2 重庆永川黄瓜山农产品界面设计定位 2
3　重庆永川黄瓜山农产品界面设计 3
3.1 重庆永川黄瓜山农产品网页界面设计过程 3
3.1.1 上中下型的网页布局 3
3.1.2 安全、自然的网页色彩 3
3.2 黄瓜山农产品网页界面设计整体效果 4
3.2.1 黄瓜山农产品网页界面首页设计效果 4
3.2.2 黄瓜山农产品所有产品页设计 4
4　总结 6
参考文献 7

图3-28　自动生成目录

步骤15：按照步骤13的方式将目录页页码的“编号格式”设置为“Ⅰ，Ⅱ，Ⅲ…”的显示方式，“起始页码”设置为“续前节”，效果如图3-29所示。

目 录

摘　要 I
ABSTRACT II
1　引言 1
1.1 选题的来源 1
1.2 选题背景与意义 1
2　重庆永川黄瓜山农产品界面设计定位 2
2.1 重庆永川黄瓜山农产品界面设计定位分析 2
2.1.1 “养生农产品”的黄瓜山农产品形象定位 2
2.1.2 黄瓜山农产品消费群体定位 2
2.2 重庆永川黄瓜山农产品界面设计定位 2
3　重庆永川黄瓜山农产品界面设计 3
3.1 重庆永川黄瓜山农产品网页界面设计过程 3
3.1.1 上中下型的网页布局 3
3.1.2 安全、自然的网页色彩 3
3.2 黄瓜山农产品网页界面设计整体效果 4
3.2.1 黄瓜山农产品网页界面首页设计效果 4
3.2.2 黄瓜山农产品所有产品页设计 4
4　总结 6
参考文献 7

图3-29　设置目录页码

步骤16：单击"保存"，论文排版已完成，最终效果如图3-30所示。

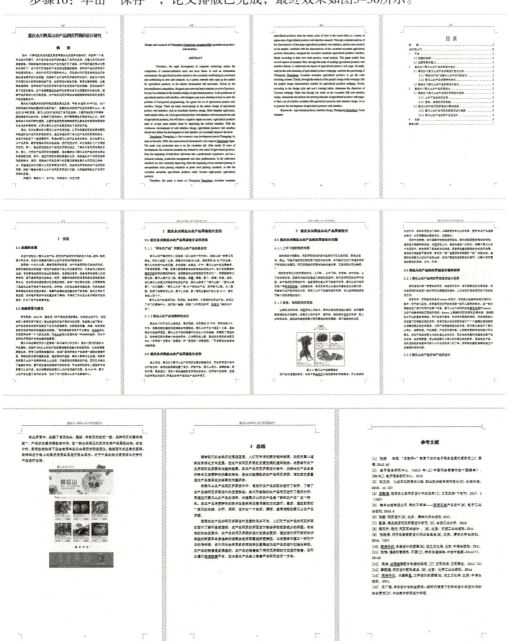

图3-30　论文排版效果图

直通高考

制作公司战略规划长文档

1.为了更好地介绍公司的服务与市场战略，市场部助理小王需要协助制作完成公司战略规划文档，并调整文档的外观与格式。现在，请按照如下要求，在Word.docx文档中完成制作工作。

①调整文档纸张大小为A4幅画，纸张方向为纵向；并调整上、下边距为2.5 cm，左右边距为3.2 cm。

②打开考生文件夹下的"Word_样式标准.docx"文件，将其文档样式库的"标题1，标题样式一"和"标题2，标题样式二"复制到"Word.docx"文档样式库中。

③将Word.docx文档中的所有红色文字段落应用为"标题1，标题样式一"段落样式。

④将Word.docx文档中的所有绿色文字段落应用为"标题2，标题样式二"段落样式。

⑤将文档中出现的全部"软回车"符号（手动换行符）更改为"硬回车"符号（段落标记）。

⑥修改文档样式库中的"正文"样式，使文档中所有正文段落首行缩进2个字符。

⑦为文档添加页眉，并将当前页中样式为"标题1，标题样式一"的文字自动显示在页眉区域中。

⑧在文档的第4个段落后（标题为"目标"的段落之前）插入一个空段落，并按照下面的数据方式在此空段落中插入一个折线图图表，将图表的标题命名为"公司业务指标"。

	销售额	成本	利润
2010年	4.3	2.4	1.9
2011年	6.3	5.1	1.2
2012年	5.9	3.6	2.3
2013年	7.8	3.2	4.6

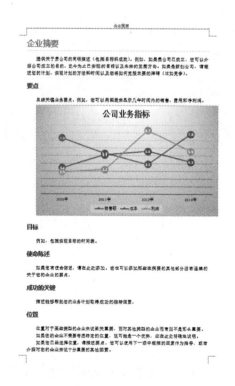

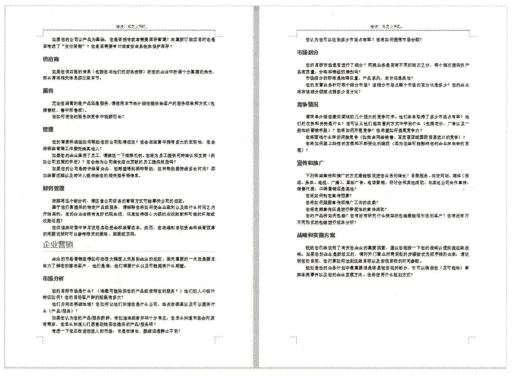

图3-31　公司战略规划文档效果图

2.北京××大学信息工程学院张老师撰写了一篇名为"基于频率域特性的闭合轮廓描述子对比分析"的学术论文，拟投稿于某大学学报，现需对论文按要求，进行排版。请根据文件夹下"素材.docx"和相关图片文件等素材完成排版任务，具体要求如下：

①将素材文件"素材.docx"另存为"论文正样.docx"，保存于考生文件夹下，并在此文件中完成所有要求，最终排版不超过5页，样式可参考考生文件夹下的"论文正样1.jpg"—"论文正样5.jpg"。

②论文页面设置为A4幅面，上下左右边距分别为：3.5、2.2、2.5和2.5 cm。论文页面只指定行网格（每页42行），页脚距边距1.4 cm，在页脚居中位置设置页码。

③论文正文以前的内容，段落不设首行缩进，其中论文标题、作者、作者单位的中英文部分均居中显示，其余为两端对齐。文章编号为黑体小五号字；论文标题（红色字体）大纲级别为1级、样式为标题1，中文为黑体，英文为Times New Roman，字号为三号。作者姓名的字号为小四，中文为仿宋，西文为Times New Roman。作者单位、摘要、关键字、中图分类号等中英文部分字号为小五，中文为宋体，西文为Times New Roman，其中摘要、关键字、中图分类号等中英文内容的第一个词（冒号前面的部分）设置为黑体。

④参考"论文正样1.jpg"示例，将作者姓名后面的数字和作者单位前面的数字（含中文、英文两部分），设置正确的格式。

⑤自正文开始到参考文献列表为止，页面布局分为对称2栏。正文（不含图、表、独立成行的公式）为五号字（中文为宋体，西文为Times New Roman），首行缩进2字符，行距为单倍行距；表注和图注为小五号（表注中文为黑体，图注中文为宋体，西文均用Times New Roman），居中显示，其中正文中的"表1""表2"与相关表格有交叉引用关

系（注意："表1""表2"的"表"字与数字之间没有空格），参考文献列表为小五号字，中文为宋体，西文均用Times New Roman，采用项目编号，编号格式为"[序号]"。

⑥素材中黄色字体部分为论文的第一层标题，大纲级别2级，样式为标题2，多级项目编号格式为"1、2、3、…"，字体为黑体、黑色、四号，段落行距为最小值30磅，无段前段后间距；素材中蓝色字体部分为论文的第二层标题，大纲级别3级，样式为标题3，对应的多级项目编号格式为"2.1、2.2、…、3.1、3.2、…"，字体为黑体、黑色、五号，段落行距为最小值18磅，段前段后间距为3磅，其中参考文献无多级编号。

（a）论文正样1

（b）论文正样2

（c）论文正样3

（d）论文正样4

（e）论文正样5

图3-32　论文排版文档效果图

考级实战

文档"北京政府统计工作年报.docx"是一篇从互联网上获取的文字资料，请打开该文档并按下列要求进行排版及保存操作。

①将文档中的西文空格全部删除。

②将纸张大小设为16开，上边距设为3.2 cm、下边距设为3 cm，左右页边距均设为2.5 cm。

③利用素材前三行内容为文档制作一个封面页，令其独占一页（参考样例文件"封面样例.png"）。

④将标题"（三）咨询情况"删除。

⑤将文档中以"一、""二、"……开头的段落设为"标题1"样式；以"（一）""（二）"……开头的段落设为"标题2"样式；以"1、""2、"……开头的段落设为"标题3"样式。

⑥为正文第2段中用红色标出的文字"统计局队政府网站"添加超链接，链接地址为"http：//www.bistats.gov.cn/"。同时在"统计局队政府网站"后添加脚注，内容为"http：//www.bistats.gov.cn"。

⑦将除封面页外的所有内容分为两栏显示，但是前述表格及相关图表仍需跨栏居中显示，无须分栏。

⑧在封面页与正文之间插入目录，目录要求包含标题第1~3级及对应页号。目录单独占用一页，且无须分栏。

⑨除封面页和目录页外，在正文页上添加页眉，内容为文档标题——"北京市政府信息公开工作年度报告"和页码，要求正文页码从第1页开始，其中奇数页眉居右显示，页码在标题右侧，偶数页眉居左显示，页码在标题左侧。

⑩将完成排版的文档先以原Word格式及文件名"北京市政府信息公开工作年度报告.docx"进行保存。

图3-33　样文1　北京市政府信息公开工作年度报告效果图

习题演练

一、填空题

1.如果想在文档中加入页眉、页脚，应当使用_____菜单中的"页眉页脚"命令。

2.如果想在文档中加入脚注和尾注，应当使用_____菜单中的"脚注和尾注"命令。

3.在 Word 2021编辑状态下，插入页眉页脚，应使用的下拉菜单是_____。

4.在Word中插入目录时，需要在_____/"目录"组中单击"目录"按钮。

5.目录提取的是具有_____的段落内容，因此在插入目录之前，需要为各级标题段落指定对应的大纲级别。

二、选择题

1.在Word 2021文档中，一页未满的情况下需要强制换页，应该采用（　　）操作。

　　A.插入分段符　　　　　　　　　　B.插入分页符

　　C.插入命令符　　　　　　　　　　D.Ctrl+Shift

2.要想观察一个长文档的总体结构，应使用的方式是（　　　）。

    A.主控文档视图　　　　　　　　B.页面视图

    C.全屏幕视图　　　　　　　　　D.大纲视图

3.（　　　）命令可以从文档的一页中间分成两页。

    A."格式"菜单中的"字体"　　　B."插入"菜单中的"页码"

    C."插入"菜单中的"分隔符"　　D."插入"菜单中的"自动图文集"

4.一位同学正在撰写毕业论文，并且要求使用A4规格的纸输出，在打印预览中，发现最后一页只有一行，她想把这一行提到上一页，最好的办法是（　　　）。

    A.改变纸张大小　　　　　　　　B.增大页边距

    C.减小页边距　　　　　　　　　D.将页面方向改为横向

5.在"目录"对话框中，可以设置目录的（　　　）等。

    A.级别、样式　B.格式和显示级别　C.页码、样式　　　D.级别、类型

学习评价

项目名称		日期		
班级		姓名		
任务内容	评价内容	是否完成	遇到的问题、难点	解决办法
制作规范书稿	1.掌握样式的应用方法； 2.掌握多级列表的应用方法； 3.掌握题注的添加与交叉引用； 4.掌握索引的添加。			
	1.会应用样式为长文档调整格式； 2.会应用多级列表； 3.会为图表添加题注及设置交叉引用； 4.会添加索引。			
	培养学生运用科学思维解决问题的意识，培养学生的思维。			
排版论文	1.掌握目录的制作方法； 2.掌握页眉、页脚、页码的添加及修改方式； 3.了解分节符。			
	1.会快速地添加和设置目录； 2.会为长文档添加与设置页眉、页脚和页码； 3.会应用分节符。			
	培养学生严谨的科学态度和耐心执着的工匠精神。			

项目四
制作批量文档

在企业的办公事务中，有时需要批量制作一种文档，这些文档的内容大部分都相同，只有小部分内容不同，比如成绩单、奖状、工作证、邀请函等。如果逐一进行修改，会浪费大量的时间。这时人们可以使用Word邮件合并功能制作批量文档来解决这一问题。

在本项目中，我们将学习如何使用Word邮件合并功能来批量制作荣誉证书，通过插入图片域来制作工作证，可以提高工作效率。

学习目标

知识目标： 1.掌握邮件合并的概念及应用范围。

2.掌握邮件合并的制作方法及批量处理图片的方法。

3.了解域的概念。

技能目标： 1.会用邮件合并的方法制作荣誉证书。

2.会用邮件合并的方法制作工作证。

3.会使用图片域。

思政目标： 1.通过制作荣誉证书培养同学们的竞争意识，精益求精的精神。

2.在批量制作工作证任务中，培养同学们勇于探索的精神。

相关知识

1.邮件合并

邮件合并是Office Word软件中一种可以实现批量处理文档的工具。在Office中，先建立两个文档：一个Word包括所有文件共有内容的Word文档（比如未填写的信封等）和一个包括变化信息的数据源Excel（填写的收件人、发件人、邮编等），然后使用邮件合并功能在Word文档中插入变化的信息，合成后的文件用户可以保存为Word文档，可以打印出来，也可以以邮件形式发出去 。

2.邮件合并的应用领域

①批量打印信封：按统一的格式，将电子表格中的邮编、收件人地址和收件人姓名打印出来。

②批量打印信件：主要是从电子表格中调用收件人，换一下称呼，信件内容基本固定不变。

③批量打印请柬：主要是从电子表格中调用收件人，请柬内容基本固定不变。

④批量打印工资条：从电子表格调用数据。

⑤批量打印个人简历：从电子表格中调用不同字段数据，每人一页，对应不同信息。

⑥批量打印学生成绩单：从电子表格成绩中取出个人信息，并设置评语字段，编写不同评语。

⑦批量打印各类获奖证书：在电子表格中设置姓名、获奖名称和等级，在Word中设置打印格式，可以打印众多证书。

⑧批量打印准考证、明信片、信封等个人报表。

总之，只要有数据源（电子表格、数据库等）和一个标准的二维数据表，就可以很方便地按一个记录一页的方式从Word中用邮件合并功能打印出来。

 任务一

批量制作荣誉证书

 任务引入

年末将近，为了表彰员工们这一年来取得的成绩，重庆天宇电子有限公司现要对一批优秀的员工进行表彰，需要制作40份荣誉证书，小王决定采用邮件合并的方法快速制作出荣誉证书。

任务清单

任务名称	批量制作荣誉证书				
班级		姓名		日期	
环境需求	完成本任务所需信息工具有哪些?				

续表

活动名称	活动内容及要求
课前活动	1.收集生活中可以用邮件合并制作的文档。 2.思考：批量制作荣誉证书需要用到Word中的哪些工具？
课中活动	1.讨论：荣誉证书的基本格式及内容。 2.思考：使用邮件合并可以在荣誉证书中插入哪些域？ 3.尝试：制作荣誉证书。
课后活动	根据获奖人的性别，在荣誉证书称谓处自动显示为"先生"或"女士"。

任务知识

　　单击"邮件"选项卡，在"开始邮件合并"组中单击"选择收件人"按钮，在下拉列表中选择"使用现有列表"命令。打开"选取数据源"对话框，在其中选择前面准备好的表格，单击"打开"按钮。

　　此时将打开"选择表格"对话框，勾选"数据首行包含列标题"复选框，单击"确定"按钮。光标即定位到需插入相应文本的位置，在"编写和插入域"组选项，单击"插入合并域"按钮下方的下拉按钮，在弹出的下拉列表中选择相应的域即可。此时，人们单击"预览结果"便可对制作的文档逐个进行检查，无误后单击"完成并合并"按钮即完成相关操作。

温馨提示：

　　在批量生成文档制作过程中，我们还需建立一个Excel表格，将要更改的信息保存其中。以荣誉证书为例，其格式相同，只需要更改获奖人的姓名及获奖称号即可。在Excel表格中，就需要罗列获奖人的姓名及获奖称号，如图4-1所示。

图4-1　获奖人名单

微课

批量制作荣誉证书

步骤1：新建Word文档，单击"布局"选项卡，在"页面设置"组中单击"纸张方向"按钮，在下拉列表中选择"横向"命令。

步骤2：在页面中输入文本内容如图4-2所示。

先生/女士：

在 2022 年工作期间，圆满地完成了各项工作，表现优异。公司特此为您颁发""荣誉称号，以资鼓励。

重庆天宇电子有限公司

二零二二年十二月二十四日

图4-2　输入文本

步骤3：选中文本"先生/女士"，设置字体为"方正大黑体_GBK"，字号为"一号，加粗"，颜色为黑色。

步骤4：选中公司名称及时间，设置字体为"方正大黑体_GBK"，字号为"三号，加粗"，颜色为黑色。

步骤5：选中文本"在2022年工作……以资鼓励"，设置字体为"方正大黑体_

GBK，加粗"，字号为"二号"，颜色为黑色。

步骤6：将正文段落设置为"首先缩进2个字符"，并将两段落款设置为"右对齐"，效果如图4-3所示。

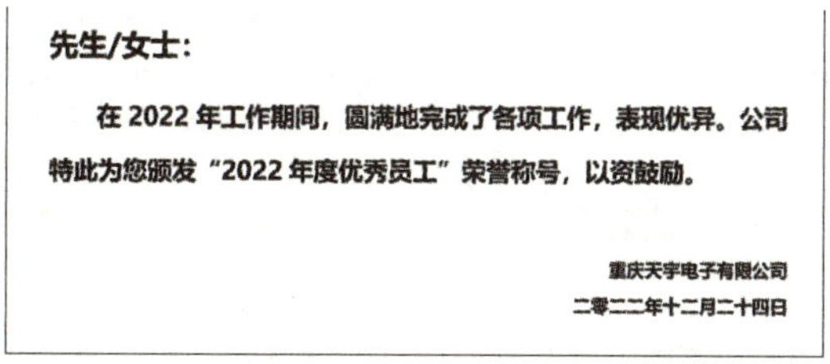

先生/女士：

在 2022 年工作期间，圆满地完成了各项工作，表现优异。公司特此为您颁发"2022 年度优秀员工"荣誉称号，以资鼓励。

重庆天宇电子有限公司
二零二二年十二月二十四日

图4-3　调整文本格式

步骤7：单击"插入"选项卡，在"插图"组中单击"图片"按钮，在下拉列表选择"此设备"命令，在弹出的对话框中找到素材里的"背景图片.jpg"，单击"插入"按钮。在"排列"组中单击"环绕文字"按钮，在下拉列表中选择"衬于文字下方"命令，调整图片到合适的大小及位置，效果如图4-4所示。

步骤8：单击"插入"选项卡，在"文本"组中单击"文本框"按钮，在下拉列表中单击"绘制横排文本框"按钮便会出现文本框，在文本框中输入文本"荣誉证书"，调整文字字体为"方正大黑体_GBK"，文字大小为60磅，文字颜色为绿色（R：118、G：84、B：0）。

选中文本框，选中文本，单击"形状格式"工具，在"形状样式"组中单击"形状填充"设置颜色为"无填充"，单击"形状轮廓"，在下拉列表中选择"无轮廓"。调整文本框到合适的位置，效果如图4-5所示。

图4-4　插入背景图

图4-5　插入标题文字

步骤9：单击"插入"选项卡，在"插图"组中单击"图片"按钮，在下拉列表选择"此设备"命令，在弹出的对话框中找到素材中的"装饰.jpg"，单击"插入"按钮。在"排列"组中单击"环绕文字"按钮，在下拉列表中选择"衬于文字下方"命令，调整图片到合适的大小及位置，效果如图4-6所示。

步骤10：单击"邮件"选项卡，在"开始邮件合并"组中单击"选择收件人"按钮，在弹出的下拉列表中选择"使用现有列表"命令，在弹出的"选取数据源"对话框中选择"获奖名单.xlsx"文件，单击"打开"按钮。

步骤11：打开"选取数据源"对话框，勾选"数据首行包含列标题"复选框，单击"确定"按钮，如图4-7所示。

图4-6　插入装饰图案

图4-7　插入域

步骤12：将光标定在"先生/女士"前，在"编写和插入域"组中单击"插入合并域"，在下拉列表中选择"姓名"，将光标放在"《姓名》"与"先生/女士"之间插入1个字符的空格，效果如图4-8所示。

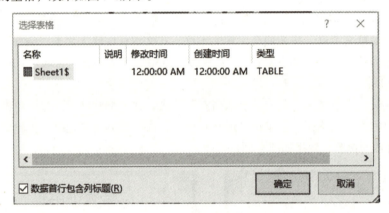
图4-8　"选择表格"对话框

步骤13：在"预览结果"组中单击"预览结果"按钮显示结果，如图4-9所示。

步骤14：单击"下一记录"按钮，可以对每一页进行预览。预览完所有内容均无误后，单击"完成"组中的"完成并合并"按钮，在弹出的下拉列表中选择"编辑单个文档"命令。

步骤15：打开"合并到新文档"对话框，选中"全部"单选按钮，单击"确定"按钮，设置合并范围，如图4-10所示。

图4-9　预览结果

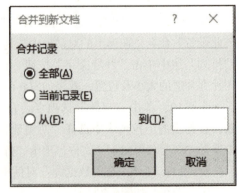
图4-10　"合并到新文档"对话框

步骤16：将合并的新文档另存为"荣誉证书（批量）"，本次批量制作荣誉证书已制作完成，效果如图4-11所示。

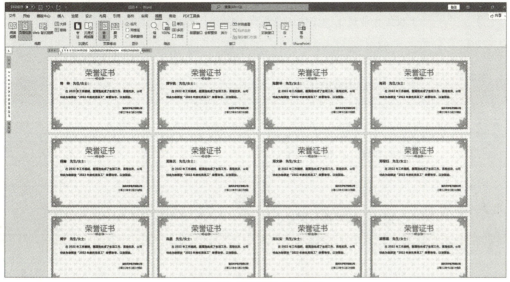

图4-11　批量制作荣誉证书

任务二

批量制作工作证

任务引入

公司招聘的新员工经过岗前培训和考核，95%的人通过培训成了正式员工，现需为这批新员工制作工作证件，工作证上要有员工的姓名、职务、编号、照片等相关信息。小王决定用邮件合并功能来制作工作证的文字内容，特别是使用插入图片域来添加员工照片。

任务清单

任务名称	批量制作工作证				
班级		姓名		日期	
环境需求	完成本任务所需信息工具有哪些？				

续表

活动名称	活动内容及要求
课前活动	1.收集企业员工的工作证，观察工作证上展示了员工的哪些信息？ 2.了解Wrod中域的作用。
课中活动	1.探索制作工作证的方法。 2.尝试使用邮件合并制作工作证。
课后活动	1.收集班级同学照片。 2.为班级同学制作胸卡。

任务知识

　　域是Word中的一种特殊命令，域代码类似于公式，域选项开关是特殊指令，在域中可触发特定的操作。若能在Word文档中巧妙应用域，可增强排版的灵活性，减少许多烦琐的重复操作，提高工作效率。域是文档中的变量。域分为域代码和域结果。域代码是由域特征字符、域类型、域指令和开关组成的字符串；域结果是域代码所代表的信息。

　　例如：域代码{ DATE * MERGEFORMAT }在文档中每个出现此域代码的地方插入当前日期，其中"DATE"是域类型，"* MERGEFORMAT"是通用域开关。

　　按F9键可以显示域代码或显示效果。"Shift+F9"组合键可以显示或者隐藏指定的域代码，"Alt+F9"组合键可以显示或者隐藏文档中所有域代码。

任务实施

微 课

批量制作工作证

　　步骤1：新建Word文档，单击"插入"→"形状"→"矩形"，拖动鼠标左键绘制矩形框，选中矩形框，单击"形状格式"选项卡，设置矩形框的高度为8.6 cm，宽度为5.4 cm，在形状样式组中单击"形状填充"，在下拉列表中选择"无填充"。

　　步骤2：单击"插入"→"图片"→"此设备"，在弹出的对话框中找到素材所在的位置，选中"图片1.png"，单击"插入"。将插入的图片选中，并设置其格式为"衬于文字下方",再将图片移动至相应的位置,效果如图4-12所示。单击图片,按组合键"Ctrl+C""Ctrl+V"对图像进行复制、粘贴,选中复制的图片,将其垂直翻转,并将图片移动到相应的位置,效果如图4-13所示。

图4-12　下方底图制作　　　　　　　　图4-13　底图整体效果

步骤3:单击"插入"→"文本框"→"绘制横排文本框",在文本框里输入文本"皇冠创新科技有限公司",设置字体大小为"小五,黑体",并放置在相应的位置,效果如图4-14所示。

步骤4:使用与步骤3同样的方法插入文字"工作证",设置字体大小为黑体,字号为一号;再使用同样的方法插入"姓名:＿＿＿＿＿""职务:＿＿＿＿＿""编号:＿＿＿＿＿",并设置其字体大小"五号",效果如图4-15所示。

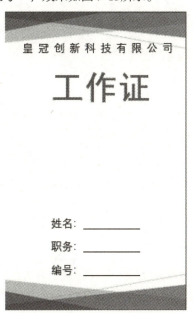

图4-14　公司名称　　　　　　　　　　图4-15　工作证文本编辑

步骤5：单击"插入"→"文本框"→"绘制横排文本框"，单击鼠标进行绘制，选中绘制的文本框，单击"形状格式"选项卡，在大小组中设置文本框的高度为3.5 cm，宽度为2.7 cm，设置"形状"填充为"无填充"，设置"形状轮廓"为0.5磅的单实线，效果如图4-16所示。

步骤6：在"邮件"选项卡的"开始邮件合并"组中，单击"选择收件人"按钮，在弹出的数据源选择列表中选择"使用现有列表"选项，打开"选取数据源"对话框。找到数据源"工作证名单.xlsx"，打开后出现"选择表格"对话框，如图4-17所示。

步骤7：在对话框中选择"Sheet1$"，单击"确定"按钮，此时数据源"应聘信息表"被打开，"邮件"选项卡的"编写和插入域"组中的大部分按钮也已被激活。

图4-16　照片框

步骤8：将光标放在"工作证文档"（邮件文档）的"姓名"右边的横线上，单击"邮件"选项卡的"编写和插入域"组中的"插入合并域"按钮旁的下拉箭头，在弹出的合并域选择列表中选择"姓名"，在当前单元格中就插入了合并域"《姓名》"，效果如图4-18所示。

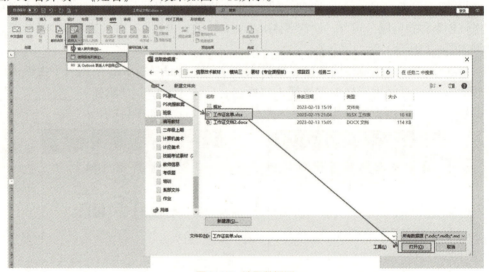

图4-17　选取数据源

步骤9：重复步骤8，用同样的方法插入如图4-19所示的职务及编号的合并域，效果如图4-19所示。

温馨提示：

　　在Word中制作图片域时，具体数据的"工作证文档"（邮件文档）、后台数据库的Excel数据表文件"工作证名单.xlsx"和每位工作人员的照片(扩展名为.jpg)需要同时保存在一个文件夹中，在Excel 表格中，照片列需清楚写明照片的绝对位置。

图4-18　插入姓名域　　　　　　　　　　　图4-19　插入其他域

步骤10：将光标放在"工作证文档"（邮件文档）需要显示照片的文本框内，单击"插入"选项卡"文本"组中的"文档部件"按钮，在弹出的列表中选择"域"选项，打开"域"对话框。在"域"对话框的"域名"列表框中选择"Include Picture"，在"文件名或URL"下的文本框中输入任意字符（如X），勾选"更新时保留原格式"复选框，单击"确定"按钮，完成照片域的插入，设置步骤如图4-20所示。

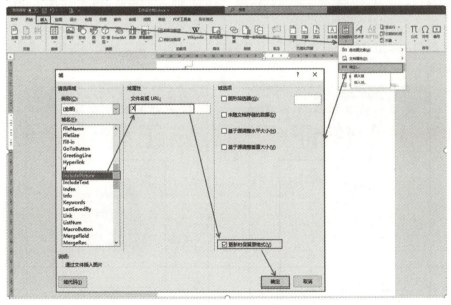

图4-20　插入照片域

步骤11：选择插入的照片域，在"图片工具—格式"选项卡的"大小"组中，单击"对话框启动器"按钮，打开"设置图片格式"对话框。在"设置图片格式"对话框的"大小"选项卡中，取消勾选"锁定纵横比"和"相对原始图片大小"复选框，将其高度设置为3.5 cm，宽度为2.7 cm。

步骤12：选择整个表格，按下快捷键"Alt+F9"，切换为域代码显示方式。

选择"Include Picture"域中的文件名"X"，单击"邮件"选项卡的"编写和插入域"组中的"插入合并域"按钮旁的下拉箭头，在弹出的合并域选择列表中选择"照片地址"。可以看到插入的"照片域代码变为"{INCLUDEPICTURE "{MERGEFIELD 照片地址}" * MERGEFORMAT}"，效果如图4-21所示。

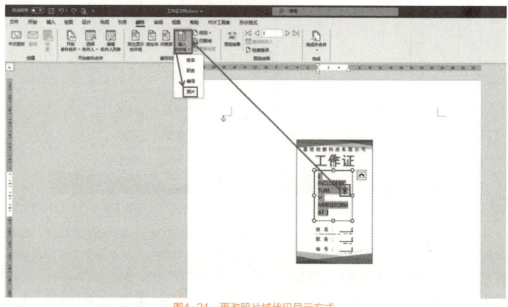

图4-21　更改照片域代码显示方式

步骤13：选择整个表格，按下快捷键"Alt+F9"，切换显示方式，效果如图4-22所示。

步骤14：单击"邮件"选项卡"预览结果"组中的"预览结果"按钮，可以看到如图4-23所示的工作证效果。

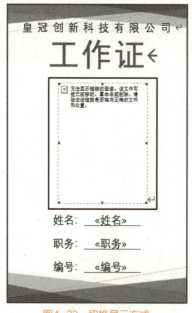

图4-22　切换显示方式

图4-23　预览效果

步骤15：单击"邮件"选项卡"完成"组中的"完成并合并"按钮，在弹出的"完成并合并"列表中选择"编辑单个文档"选项，打开"合并到新文档"对话框。在"合并到新文档"对话框中的"合并记录"区域选中"全部"，单击"确定"按钮。

步骤16：选中生成的"信函.docx"里的所有图片域，按下"F9键"，更新域，可以看到生成了正确的面试通知书，效果如图4-24所示。

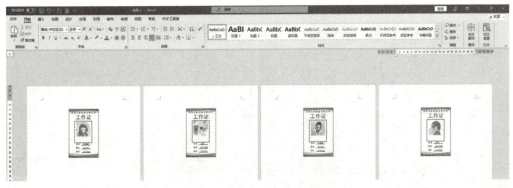

图4-24　邮件合并最终效果图

🛰 直通高考

未来星科技有限公司计划年终举办一场"2023年终盛典晚会"的活动，拟邀请社会各界人士参加庆祝晚会。因此，未来星科技有限公司综合部将制作一批邀请函，并分别递送给相关的人士。

请按如下要求，完成邀请函的制作：

①调整文档版面，要求页面高度为18 cm、宽度为30 cm，页边距（上、下）为2 cm，页边距（左、右）为3 cm。

②将考生文件夹下的图片"背景图片.jpg"设置为邀请函背景。

③根据"Word-邀请函参考样式.docx"文件，调整邀请函中内容文字的字体、字号和颜色。黑体、初号、黄色。正文：微软雅黑、小二、浅黄。

④调整邀请函中内容文字段落对齐方式。

图4-25　邀请函.docx文档

⑤根据页面布局需要，调整邀请函中"大学生网络创业交流会"和"邀请函"两个段落的间距。段前后各0.5倍行距，其他段落1.5倍行距。

⑥在"尊敬的"和"先生/女士"文字之间，插入拟邀请的姓名，拟邀请的姓名在文件夹下的"通讯录.xlsx"文件中。每页邀请函中只能包含1位的姓名，所有的邀请函页面请另外保存在一个名为"2023年终盛典晚会邀请函.docx"文件中。

⑦邀请函文档制作完成后，请保存"邀请函.docx"文件。

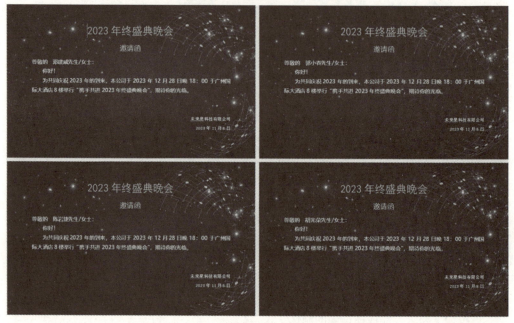

图4-26　2023年终盛典晚会"邀请函.docx"文档

考级实战

公司将于今年举办"创新产品展示说明会"，市场部助理小王需要制作会议邀请函并寄送给相关的客户。现在，请你按照如下要求，在Word.docx文档中完成制作工作：

①将文档中"会议议程："段落后的7行文字转换成3列、7行的表格，并根据窗口大小自动调整表格列宽。

②为制作完成的表格套用一种表格样式，以使表格更加美观。

③将文件保存并将其命名为"会议议程"。

④将文档末尾处的日期调整为可根据邀请函生成日期而自动更新的格式。

⑤在"尊敬的"文字后面，插入拟邀请的客户姓名和称谓。拟邀请的客户姓名在考生文件夹下的"通讯录.xlsx"文件中，客户称谓则根据客户性别自动设置为"先生"或"女士"，例如"范俊弟（先生）""黄雅玲（女士）"。

⑥每个客户的邀请函占1页内容，且每页邀请函中只能包含1位客户姓名，所有的邀请函页面另外保存在一个名为"Word-邀请函.docx"文件中。如果需要，删除"Word-邀请函.docx"文件中的空白页面。

⑦文档制作完成后，分别保存"Word.docx"文件和"Word-邀请函.docx"文件。

⑧关闭Word应用程序，并保存所提示的文件。

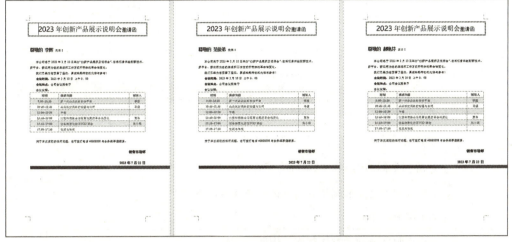

图4-27　样文1

习题演练

一、填空题

1.邮件合并的主要功能是可以＿＿＿＿＿＿＿＿制作文档。

2.在进行邮件合并时，要先建立两个文档，一个是包含＿＿＿＿的主文档，一个是包含变化信息的＿＿＿＿。

3.邮件合并的主要领域有＿＿＿＿、＿＿＿＿、＿＿＿＿、＿＿＿＿等（列举4个以上）。

4.使用邮件合并制作工作证时，需要显示照片，则需要插入＿＿＿＿。

5.使用邮件合并制作工作证时，如果需要显示员工性别，则需要设置＿＿＿＿。

二、选择题

1.给每位家长发送一份"录取通知书"，用（　　）功能最简便。

A.复制　　　　　B.信封　　　　　C.标签　　　　　D.邮件合并

2.有一篇文稿有50页，共4人去录入，最后要把它们放在一个文档中，正确的命令是（　　）。

A.邮件合并　　　B.合并文档　　　C.剪切　　　　　D.跨列居中

3.当需要大量生成相同格式和内容的文档时，可以使用Word的（　　）功能来实现。

A.邮件合并　　　B.比较　　　　　C.合并　　　　　D.对比

4.按（　　）键可以显示域代码或显示效果。

A.F2　　　　　　B.F4　　　　　　C.F5　　　　　　D.F9

5.显示或隐藏文档中所有域代码，需要按（　　）组合键。

A.Alt+F9　　　　B.Ctrl+F9　　　C.Shift+F9　　　D.Ctrl+Shift+F9

学习评价

项目名称		日期		
班级		姓名		
任务内容	评价内容	是否完成	遇到的问题、难点	解决办法
批量制作荣誉证书	掌握邮件合并的概念及应用范围、制作方法。			
	会用邮件合并的方法制作荣誉证书。			
	培养同学们的竞争意识和精益求精的精神。			
批量制作工作证	1.掌握邮件合并的制作方法及批量处理图片的方法。2.了解域的概念。			
	1.会用邮件合并的方法制作工作证。2.会使用图片域。			
	培养学生勇于探索的精神。			

项目五
制作新员工信息统计表

随着社会的发展，大数据、人工智能、云端技术等逐渐走进人们的生活。人们对数据的处理不仅是手写笔算和简单的加减乘除，更多的是使用数据处理工具进行数据采集、加工和分析，从中提炼其中有价值的信息，解决生活中的各种问题。数据和人们的生产生活息息相关，人们随时随地都会用到数据。比如"我们早上一般6点半起床""我们一天上了7节正课""今年全厂的生产销售额下降了5%"等。为了提炼出数据中的有价值信息，我们得先采集数据。不管是古代的结绳计数，还是后来的纸墨书写，或是现在的计算机存储，都和数据采集有关。

在本项目中，我们主要学习数据的概念和格式，数据采集的概念与方法，Excel工作簿与工作表的概念及操作方法等知识。

学习目标

知识目标：1.掌握数据的概念及格式。

2.了解数据采集的概念及方法。

3.掌握工作簿与工作表的概念。

技能目标：1.会使用信息工具软件采集、录入数据。

2.会创建工作簿文件，会操作工作表。

3.会进行数据的类型转换及格式化处理。

4.会使用边框底纹、套用格式等美化表格。

思政目标：1.培养学生养成善于规划、合理安排时间的好习惯。

2.培养学生的审美素养。

3.培养学生精益求精的匠心素养。

相关知识

1.数据的概念

数据（Data）：通常又称为数值，是指通过科学观察、实验、计算所得到的结果，能存储在某一种媒体上的且能够识别的物理符号。数据可以是数字、文字、图像、声音、视频等。在计算机科学中，数据就是指所有能输入计算机中并被计算机程序处理的符号的总称。

数据处理：数据处理是指将数据进行加工转换成信息的过程。

2.数据的格式

数据格式（Data Format）：数据保存在文件或记录中的编排格式，可以是数值、字符或二进制数等形式，由数据类型及数据长度来描述。在计算机系统中，数据以二进制形式呈现。

3.数据采集的概念

数据采集：又称数据获取，是利用一种装置，将系统外部数据采集并输入系统内部的一个接口。常用的数据采集工具有摄像头、麦克风、扫描仪、条码机、数码相机和手机等。在计算机领域就是指外部数据通过使用信息技术工具拍摄、录制、扫描、录入等方式采集并传入计算机内部系统的过程。比如将手机拍摄的照片传入计算机系统中。

4.数据采集的方法

（1）传统的数据采集方法

传统的数据采集方法有问卷调查法、访谈调查法、观察调查法、文献调查法、痕迹调查法等，如图5-1所示。

问卷调查法是指研究者围绕研究的问题采用设问的方式表述，并制订问卷进行发放，从而收集到可靠资料的一种方法。

访谈调查法是指调查者与调查对象进行面对面的交谈，将调查对象所回答的内容及交谈时观察到的动作行为等详细记录下来，收集资料的一种方法。

观察调查法是指调查者主要观察调查对象的行为、态度和情感，并系统地记录其过程的一种方法。

文献调查法是指通过寻找文献资料搜集有关信息的一种方法。

痕迹调查法是指调查人员通过调查对象的行为产生的痕迹进行调查分析的一种方法。

（2）现代的数据采集方法

现代的数据采集方法有传感器采集、网络爬虫、录入、导入、接口等，如图5-2所示。

传感器采集是指通过温湿度传感器、气体传感器、视频传感器等外部硬件设备与系统进行通信，将传感器监测到的数据传至系统中进行采集使用。

网络爬虫（Web Crawler）又称为网页蜘蛛、网络机器人，是指新闻资讯类互联网数据，可以通过编写代码，设置好数据源后进行有目标性的数据爬取。

录入是指通过使用系统录入页面将已有的数据录入系统中，是最常用的一种数据采集方法。

导入是指针对已有的批量的结构化数据，可以开发导入工具将数据导入系统中的一种数据采集方法。

接口是指可以通过API接口将其他系统中的数据采集到本系统中的一种数据采集方法。

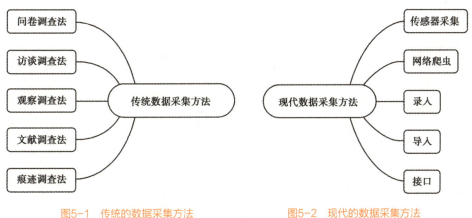

图5-1　传统的数据采集方法　　　图5-2　现代的数据采集方法

 任务一

制作工作日程表

任务引入

小王大学毕业应聘到一家科技公司做办公室文秘工作，他想做个"工作日程表"，如图5-3所示。他发现办公电脑上安装了Microsoft Office和WPS两个办公自动化处理软件。该选哪一个软件来完成工作日程表呢？

一日工作安排表	
时间	工作内容
8:30	上班签到
8:40—9:00	晨会
9:00—12:00	撰写策划书
12:00—13:00	午餐
13:00—14:30	午休
14:30—18:00	外出市场调研
18:00	下班打卡

图5-3　"工作日程表"

任务清单

任务名称	制作工作日程表				
班级		姓名		日期	
环境需求	完成本任务所需信息工具有哪些？				
活动名称	活动内容及要求				
课前活动	1.你了解到的数据是什么？数据格式有哪些？ 2.你了解到的常用数据采集软件有哪些？收集常见的数据采集软件。				
课中活动	1.你最喜欢哪款数据采集软件？其特点是什么？ 2.尝试使用Excel软件制作工作日程表。				
课后活动	尝试使用其他的数据处理软件。				

任务知识

1.常用的数据处理软件

在数据处理的过程中，有可能会涉及不同软件的使用。有的软件侧重于数据采集，有的软件侧重于数据加工，有的则侧重于数据分析，有的几者兼而有之。目前流行的数据处理软件有金山公司的WPS表格和微软公司的Excel电子表格，二者在功能和使用范围上各有特色。常用数据处理软件及其特点见表5-1。

表5-1 常用的数据处理软件

图标	名称	使用范围	特点
S	WPS	一款综合性的数据处理软件，可用于数据采集、加工运算、分析和可视化表达。	文件量小、功能齐全、可云端存储。
X	Excel	专业的数据处理软件，可用于数据采集、加工运算、分析和可视化表达。	简单易学，功能强大，兼容性强。

续表

图标	名称	使用范围	特点
	LocoySpider	专业的数据采集软件，能将任何网页数据发布到远程服务器，也可将数据导出为本地文件。	采集功能强大、速度快、易学。
	EpiData	数据录入、数据核对、数据管理和数据报告的自由软件。	简化输入、进行校验、双份录入、可导出多种格式。
SPSS	SPSS	专业的数据统计软件，用于数据分析、管理等环节。	数据管理分为变量级别和文件级别。
	FineBI	专业的数据处理软件，主要用于数据分析、可视化表达。	数据处理速度非常快，简单易学。

2.Excel表格

Excel表格和WPS表格都是目前使用率较高的数据处理软件，但Excel作为最早进入中国市场的一款电子表格处理软件，有先入为主的优势，很多用户已习惯使用，并且其强大的函数功能与其他数据处理软件兼容，受到广大用户的喜爱。本书以Excel 2021为例进行介绍。

Excel 2021新增特点有：

①计算功能更强大，在表格设计细节上比以往版本更精细。

②函数功能更强大，增加了Xlookup（）、concat（）、switch（）、ifs（）等函数。

③新增了十六进制颜色表示法，更加接轨编程路径。

④新增了着色地图、漏斗图、图标等，使数据可视化表达更直观形象。

⑤新增了快速分析工具，可以更好更快地分析及呈现数据。

3.工作簿和工作表

一个Excel工作簿就是一个磁盘文件，在Excel中处理的各种数据最终都以工作簿文件的形式存储在磁盘上，其扩展名为.xlsx。

每个工作簿都由多个工作表组成，启动Excel时，自动创建"工作簿1"。默认情况下在工作簿中包含了"Sheet1""Sheet2""Sheet3"3张工作表。用户可根据实际需要插入或删除工作表，一个工作簿中包含了255个工作表。

每个工作表都是一个由若干行和列组成的二维表格，它是Excel的工作区。行号用数字表示，范围为1~1 048 576行，列标用大写英文字母表示（A，B，…，XFD），范围为1~16 384列。

每个行列的交叉点称为单元格，每个单元格由其所在的列标和行号表示，称为单元格地址。例如，工作表第5行、第3列的单元格用C5表示。

当前被选中的单元格就是活动单元格，任何数据都只能在活动单元格中输入。输入的数据除了出现在活动单元格外，还会同时出现在编辑栏中，可直接在编辑栏中修改数据，此时将激活编辑按钮。其中"×"按钮用于取消输入的内容，"√"按钮用于确认输入的内容。

名称框用于显示活动单元格的地址或定义单元格区域的名称。

微课

制作工作日程表

步骤1：启动Excel，创建工作簿，如图5-4所示。

图5-4　新建空白工作簿

温馨提示：

在Excel中，既可以创建空白工作簿，也可以根据模板新建工作簿。Excel提供了很多模板。比如：日历、个人月度预算、每周家务安排、学生课程安排、发票等，如图5-5所示。

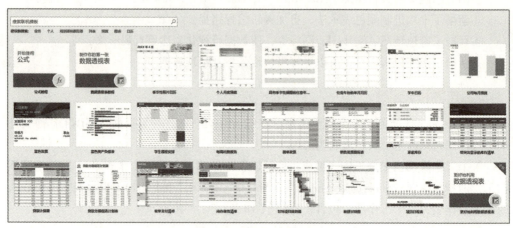

图5-5　根据模板创建工作簿

步骤2：输入工作日程文字信息，工作簿界面如图5-6所示。

步骤3：保存文件，文件名为"工作日程表"，如图5-7所示。

图5-6　工作簿界面

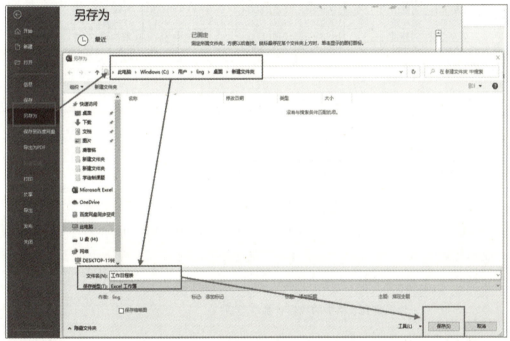

图5-7　保存文件

💡 温馨提示：

　　Excel表格的扩展名是".xlsx"，为了和低版本兼容，可以将保存类型设置为"Excel 97-2003工作簿"，其扩展名为".xls"，还可以保存为模板文件。

步骤4：关闭工作簿，退出Excel。

任务二

制作信息统计表

任务引入

　　小王入职后，领导要他制作一份新员工基本信息统计表，里面涉及文本、数值、日期、货币等数据。他选择使用Excel表格来完成表格的制作，并根据不同的数据类型对表中的数据进行格式设置，如图5-8所示。

	A	B	C	D	E	F	G
1	新员工基本信息统计表						
2	员工工号	姓名	性别	出生日期	身份证号码	家庭住址	基本工资
3	20220001	张红梅	女	2000年5月12日	500×××××××××622	中山北路245号	￥2,500.00
4	20220002	李小华	男	1999年7月12日	500×××××××××631	南大街115号	￥3,200.00
5	20220003	王悦山	男	1998年12月5日	500×××××××××736	兴隆大道42号	￥3,500.00
6	20220004	张峰越	男	1999年8月24日	500×××××××××514	红河西路37号	￥3,100.00
7	20220005	刘林强	男	1998年2月15日	500×××××××××572	胜利路123号	￥4,080.00
8	20220006	吴子涵	女	1999年10月3日	500×××××××××748	汇龙大道152号	￥2,870.00

图5-8　新员工基本信息统计表

任务清单

任务名称	制作信息统计表				
班级		姓名		日期	
环境需求	完成本任务所需信息工具有哪些？				
活动名称	活动内容及要求				
课前活动	收集公司员工信息表，观察表格内容及格式。				
课中活动	1.你观察到表格中的数据有哪些类型？ 2.思考：应该怎样录入这些数据？ 3.尝试制作员工信息统计表。				
课后活动	1.尝试用不同的方法录入这些数据，并按要求进行格式设置。 2.尝试制作含有不同数据类型的信息表。				

任务知识

1.数据格式

以Excel软件为例，其中常见的数据格式见表5-2。

表5-2 数据格式类型

数据类型	格式描述	举例
数值型	由数字0~9、小数点和正负号构成。	如：-32.5
文本型	将数值作为文本处理，单元格显示的内容与输入的内容完全一致。	如：张强
货币型	在数值前加上货币符号表示一般货币数值。	如：¥10.52
会计专用	会计格式可对一列数值进行货币符号和小数点对齐。	如：$100.00
日期型	将数据以日期的形式显示。	如：2021年3月5日
时间型	将数据以时间格式显示。	如：13:30:55
百分比	将数值乘以100，以百分数形式显示。	如：25%
分数	将数值以分数形式显示。	如：1/25
科学记数	将数值以科学计数的方式显示。	如：2.50E+04
字符型	用半角单引号或双引号将数值括起来以字符串形式显示。	如："abc"

2.导入和引用外部数据

通过Excel提供的"获取数据"命令可以获取到来自文件的、来自数据库的、来自Azure的、来自在线服务的、来自其他来源的数据，如图5-9所示。常见的导入外部数据有以下几种方式。

（1）导入Word中的数据

将Word中的文字复制后，可以直接粘贴到Excel表格中指定的单元格。粘贴时可以选择"保留源格式"或"匹配目标格式"，如图5-10所示。

（2）导入Access中的数据

通过"获取数据"下的"自数据库"选项，可以将Access中的数据导入Excel表格中，如图5-11所示。

（3）利用手机获取数据

借助手机App（比如问卷星、金数据等程序）能快速收集数据，并从后台将数据传送到计算机上进行处理，其具有速度快、使用方便、使用范围广等特点，如图5-12所示。

（4）利用图像识别获取数据

利用手机App或电脑端截图软件提供的图像识别功能，可以提取图片中的文字，快速获取数据，如图5-13所示。

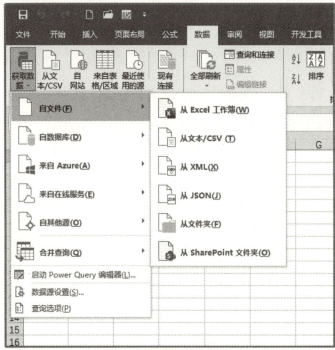

图5-9 获取数据

	A	B	C	D	E	F	G	H	I	J
1	姓名				性别				班级	
2	假期具						联系			
3	体居住						方式			
4	地址									
5		是否	是否		目		交通工具			
6	时间	外出	返回		的		（车牌号、			
7		/旅			地		班次、航班			
8		游					号、）			
9	4月30日									
10	5月1日									
11	5月2日									
12	5月3日									
13	5月4日									
14	5月5日									

Sheet1　Sheet2　Sheet3

图5-10 导入Word中的数据

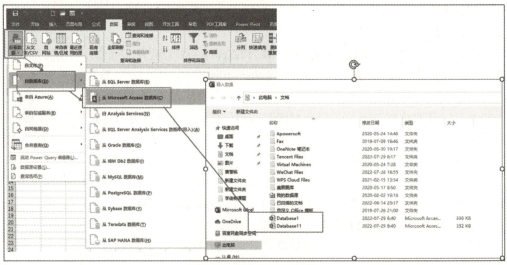

图5-11 导入Access数据

图5-12 常见的数据采集App

日期	品种	单位	预存金额	单价	数量	日用量	使用天数	备注
2012/8/1	水费	M³	￥200.00					
2012/8/6	水费	M³	￥500.00					
2012/8/21	水费	M³	￥1,200.00					
合计			￥1,900.00					
2012/8/1	电费	Kwh	￥500.00					
2012/8/22	电费	Kwh	￥800.00					
合计			￥1,300.00					

图5-13 图像识别获取数据

（5）利用专业工具软件获取数据

利用专业的工具软件可以快速精准地获取想要的数据。常见的专业数据采集工具有八爪鱼网页数据采集器、电霸4.0、熊猫采集等，如图5-14所示。

图5-14 常见的专业数据采集软件

（6）利用在线文档协作录入数据

利用在线文档工具可以多人同时协作录入数据，实现快速地采集数据。常见的在线文档工具有腾讯文档、金山文档、讯飞文档、石墨文档等，如图5-15所示。

图5-15 常见的在线文档

 **任务实施**

微课

制作信息统计表

步骤1：启动 Excel 2021，新建一空白工作簿。

步骤2：单击A1单元格，输入标题"新员工基本信息表"。

步骤3：选中A列→单击"数字"面板→"数字"选项卡→"文本"型，将A列单元格设置为文本型数据，然后在A2单元格输入文字"员工工号"。

步骤4：单击A3单元格，输入第一位员工工号"20220001"，如图5-16所示。单击"20220001"单元格→光标在A3单元格右下角变为"+"，往下拖可以快速填充A3单元格以下的数据。

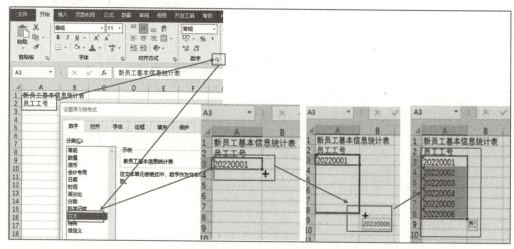

图5-16 快速输入"员工工号"

[试一试]：如果不先把A列设置为文本型数据再输入数据，而是直接在常规格式下输入数据"20220001"，结果会怎样？此时应该怎样填充呢？如果数据是以0开头的又该怎么输入？如"0001"。

💡 **温馨提示：**

　　如果在常规格式下直接在A3单元格输入"20220001"，则在按住Ctrl键的同时拖曳填充柄快速填充A3单元格以下的数据。否则实现的是单元格数据的复制。

　　如果要输入"0001"这样以0开头的数据，可以先将此列单元格格式设置为文本型，也可以在"0001"前加上半角的单引号，再按回车键，输入完成后不会显示此单引号，但会在该单元格左上方出现一个绿色的三角形。

步骤5：单击B2单元格，输入文本"姓名"，然后在B3-B8单元格区域，分别输入各员工的姓名。

步骤6：单击C2单元格，输入文本"性别"，然后在C3-C8单元格区域，分别输入各员工的性别。

步骤7：单击D2单元格，输入文本"出生日期"，然后参照步骤3，选中D列，再单击"数字"面板→"数字"选项卡→"日期"型，将D列单元格设置为日期型数据，选择一种日期类型，单击"确定"，如图5-17所示。然后在D3-D8单元格区域输入各员工出生日期，如"2000-5-12"，结果如图5-18所示。

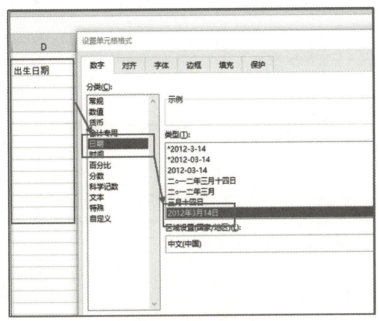

图5-17　设置日期格式

f_x	2000-5-12	
C	D	E
性别	出生日期	
女	2000年5月12日	
男	1999年7月12日	
男	1998年12月5日	
男	1999年8月24日	
男	1998年2月15日	
女	1999年10月3日	

图5-18　输入日期数据

步骤8：单击E2单元格，输入文本"身份证号码"，然后参照步骤3，选中E列，再单击"数字"面板→"数字"选项卡→"文本"型，将E列单元格设置为文本型数据，单击"确定"。然后在E3-E8单元格区域输入各员工身份证号。

步骤9：单击F2单元格，输入文本"家庭住址"，然后在F3-F8单元格区域分别输入各员工的家庭住址。

步骤10：单击G2单元格，输入文本"基本工资"，然后参照步骤3，选中G列，再单击"数字"面板→"数字"选项卡→"货币"型，将G列单元格设置为货币型数据，选择货币符号为"¥"，设置小数位数为"2"，单击"确定"，如图5-19所示，然后在G3-G8单元格区域输入各员工基本工资。

图5-19　设置单元格数据为"货币型"

 任务三

编辑美化信息统计表

任务引入

　　小王将数据录入表格后，觉得表格不够美观，他想使用Excel提供的表格编辑工具对表格进行格式化编辑，使其美观，达到如图5-20所示的效果，并将其打印出来。

新员工基本信息统计表

员工工号	姓名	性别	出生日期	身份证号码	家庭住址	基本工资
20220001	张红梅	女	2000年5月12日	500383××××××××0622	中山北路245号	¥2,500.00
20220002	李小华	男	1999年7月12日	500383××××××××0631	南大街115号	¥3,200.00
20220003	王悦山	男	1998年12月5日	500383××××××××0736	兴隆大道42号	¥3,500.00
20220004	张峰越	男	1999年8月24日	500383××××××××0514	红河西路37号	¥3,100.00
20220005	刘林强	男	1998年2月15日	500381××××××××0572	胜利路123号	¥4,080.00
20220006	吴子涵	女	1999年10月3日	500383××××××××0748	汇龙大道152号	¥2,870.00

图5-20　新员工信息统计表样图

任务清单

任务名称	编辑美化信息统计表				
班级		姓名		日期	
环境需求	完成本任务所需信息工具有哪些？				
活动名称	活动内容及要求				
课前活动	1.收集一些格式规范，制作美观的数据表。 2.仔细观察表格，你认为表格的格式化包括哪些内容？				
课中活动	1.思考应该怎样美化表格？ 2.尝试美化员工信息统计表。				
课后活动	归纳表格格式化的方法及步骤。				

任务知识

1.工作表的设置

工作表的设置主要包括插入、删除、重命名、移动或复制、保护、工作表标签颜色等，如图5-21所示。可以在快捷菜单中快速插入新工作表，也可以删除已有工作表，可以对工作表重命名，也可以将工作表移动或复制到工作簿其他位置或其他工作簿中，并设置工作表的标签颜色。

2.对齐方式

工作表中单元格数据的对齐方式分为水平对齐和垂直对齐两种，如图5-22所示。在水平对齐方式下有常规、靠左（缩进）、居中、靠右（缩进）、填充、两端对齐、跨列居中、分散对齐（缩进）等方式。垂直对齐下有靠上、居中、靠下、两端对齐、分散对齐等方式。对齐方式工具栏上还有"合并后居中"按钮，在其下面又包含了合并后居中、跨越合并、合并单元格、取消单元格合并等方式。"跨列居中"和"合并后居中"是有区别的，跨列居中

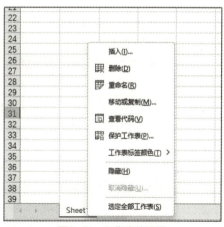

图5-21　工作表的设置

是将单元格区域中的内容居中显示，但没有合并单元格，而合并后居中是将选取的单元格区域合并成一个单元格后再将内容居中显示。

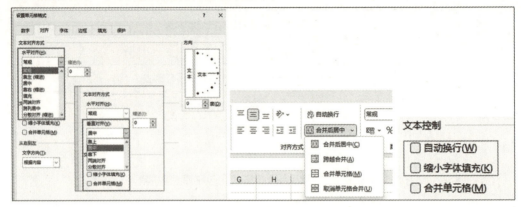

图5-22　单元格对齐方式

文本控制的方式有自动换行、缩小字体填充和合并单元格3种。一般单元格中文字较多时可以勾选"自动换行"或"缩小字体填充"。

3.行高和列宽

调整行高和列宽的方法有3种，即鼠标拖动分割线、设置精确的值、自动调整。

方法一是移动鼠标指针到行号区域中要改变行高的行下方的分隔线上，此时鼠标指针形状为双向箭头时，上下拖动鼠标，鼠标所在位置出现一条水平虚线，并且出现一个显示行高的标签，当标签中显示的值符合要求时，释放鼠标即可完成行高的设置。同样的方法，移动鼠标指针到列标区域中要改变列宽的列右侧的分割线上，鼠标指针形状为双向箭头时，左右拖动鼠标，在适当位置再释放鼠标，可调整列宽。

方法二是在单元格格式按钮下，选择"行高"命令或"列宽"命令，弹出对话框，输入数值，精确调整行高列宽，如图5-23所示。

方法三是在"格式"按钮下，选择"自动调整行高"或"自动调整列宽"，根据单元格中的内容多少来调整。

4.表格样式

表格样式包含了条件格式、自动套用表格样式、应用单元格样式和自行设置边框底纹等。

条件格式的功能是利用不同颜色的文字、底纹、数据条、色阶、图标集等突出显示满足设定条件的单元格，如果单元格中的值发生改变而不满足设定的条件，则会取消该单元格的突出显示。条件格式会基于条件而更改单元格区域的外观。

自动套用表格样式是指在Excel中内置了多种表的样式，其具有快速美化表格外观的功能。

应用单元格样式是指根据文字、边框线、底纹、数据格式等内置的一些主题单元格样式等，以实现快速美化单元格，如图5-24所示。

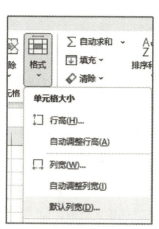

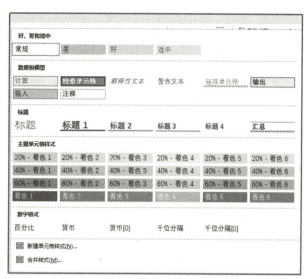

图5-23　行高列宽设置　　　　　　　图5-24　单元格样式

任务实施

美化信息统计表

步骤1：打开素材文件中的工作簿"新员工基本信息表"，右击"Sheet1"标签→"重命名"→将"Sheet1"重命名为"员工信息"，如图5-25所示。在此快捷菜单中还可以插入/删除当前工作表，移动或复制工作表，或更改工作表的标签颜色，保护当前工作表。

微　课

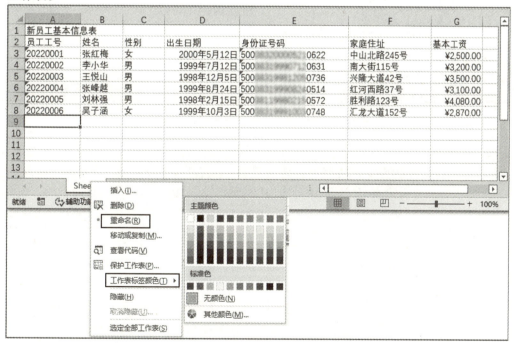

图5-25　重命名工作表

步骤2：选中A1至G1区域→"字体"面板→设置标题"新员工基本信息统计表"字体为"黑体"→字号为"18号"→字体颜色为"蓝色"，单击"合并后居中"按钮→设置标题所在单元格为合并成一个单元格，并且标题居中。

步骤3：选中A2至G8区域→设置正文字体为"仿宋"，字号为"14号"。

步骤4：选中A2至G8区域→单击"单元格"面板中的"格式"按钮→选择"设置单元格格式"→"对齐"，设置水平垂直均居中对齐，如图5-26所示。

💡 **温馨提示：**

默认情况下，文字左对齐，数字右对齐。在"设置单元格格式"对话框中，还可以设置文本自动换行，缩小字体填充单元格，合并单元格等，还可设置文字方向。

步骤5：单击"单元格"面板中的"格式"按钮→"行高"→输入数值，如"25"，单击"格式"→"列宽"→输入数值，如"20"，如图5-27所示。

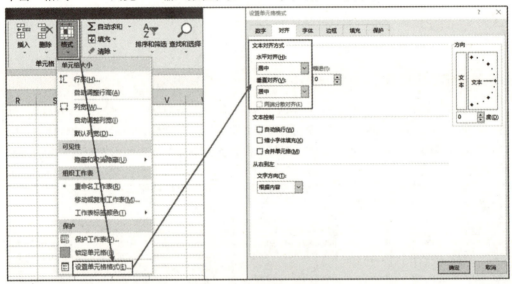

图5-26 设置单元格格式

图5-27 设置行高和列宽

💡 **温馨提示：**

输入精确数字设置的行高和列宽是每一行或每一列都是等高或等宽。但有时根据需要可以选择"自动调整行高"和"自动调整列宽"设置行高列宽，也可以使用鼠标拖动单元格边框线手动调整行高和列宽。

步骤6：单击"单元格"面板中的"格式"按钮→"设置单元格格式"→"边框"→选择边框线样式为"双实线"→颜色为"蓝色"，再单击"外边框"，然后选择边框样式为"单实线"→颜色为"蓝色"，再单击"内部"，观看预草图效果，最后单击"确定"，如图5-28所示。

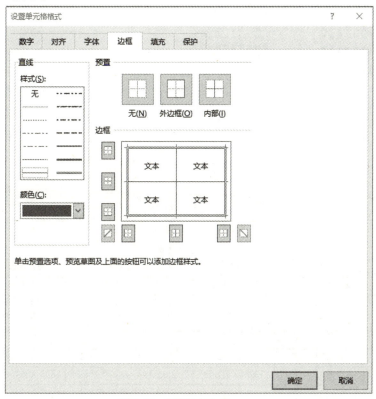

图5-28　设置边框格式

步骤7：单击"单元格"面板中的"格式"按钮→"设置单元格格式"→"填充"→"图案颜色"，选择图案颜色为"白色背景1 深色5%"，图案样式为"细 水平条纹"，如图5-29 所示。也可以选择背景色为纯色填充，背景色为"蓝色，个性色5淡色80%"，效果如图5-30所示。

步骤8：选中G3至G8单元格区域→单击"条件格式"按钮→选择"突出显示单元格规则"→选择"大于"→输入"3000"→设置"基本工资大于 3000元"的单元格样式呈"黄填充色深黄色文本"，如图5-31所示。如果要去除设置的条件格式，只需单击"条件格式"下的"清除规则"。

步骤9：单击"文件"→"另存为"→选择文件保存的路径，输入文件名"新员工基本信息表.xslx"→单击"保存"按钮即可。

步骤10：单击"布局"→设置纸张大小为"A4"，纸张方向为"横向"，页边距"上下分别为1.9 cm，左右分别为1.8 cm"，居中方式为"水平垂直居中"。

步骤11：单击"文件"→"打印"→"打印设置"→设置打印属性和打印份数→"打印"按钮。表格最终效果如图5-32所示。

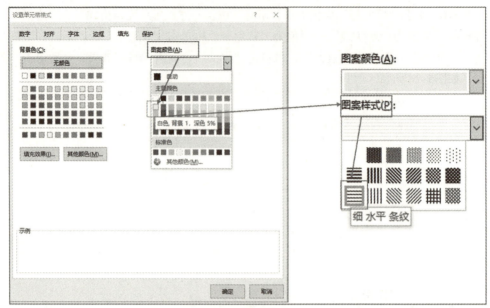

图5-29　设置图案填充

新员工基本信息统计表

员工工号	姓名	性别	出生日期	身份证号码	家庭住址	基本工资
20220001	张红梅	女	2000年5月12日	500383××××××××0622	中山北路245号	￥2,500.00
20220002	李小华	男	1999年7月12日	500383××××××××0631	南大街115号	￥3,200.00
20220003	王悦山	男	1998年12月5日	500383××××××××0736	兴隆大道42号	￥3,500.00
20220004	张峰越	男	1999年8月24日	500383××××××××0514	红河西路37号	￥3,100.00
20220005	刘林强	男	1998年2月15日	500381××××××××0572	胜利路123号	￥4,080.00
20220006	吴子涵	女	1999年10月3日	500383××××××××0748	汇龙大道152号	￥2,870.00

图5-30　纯色填充效果

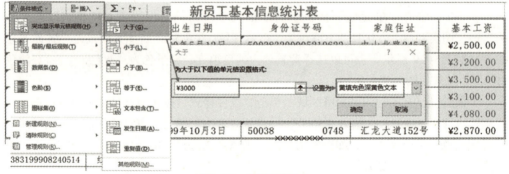

图5-31　设置条件格式

新员工基本信息统计表

员工工号	姓名	性别	出生日期	身份证号码	家庭住址	基本工资
20220001	张红梅	女	2000年5月12日	500383××××××××0622	中山北路245号	￥2,500.00
20220002	李小华	男	1999年7月12日	500383××××××××0631	南大街115号	￥3,200.00
20220003	王悦山	男	1998年12月5日	500383××××××××0736	兴隆大道42号	￥3,500.00
20220004	张峰越	男	1999年8月24日	500383××××××××0514	红河西路37号	￥3,100.00
20220005	刘林强	男	1998年2月15日	500381××××××××0572	胜利路123号	￥4,080.00
20220006	吴子涵	女	1999年10月3日	500383××××××××0748	汇龙大道152号	￥2,870.00

图5-32　美化后的表格

 直通高考

1.制作"模拟考试成绩统计表"

（1）打开素材文件夹中的"Excel-1.xlsx"文件，另存至"Excel"文件夹，名字改为"ks-1.xlsx"。

（2）将Sheet1工作表重命名"成绩统计"，在该工作表完成如下操作。

①在A列前插入一空列。

②将B1：L1单元格跨列居中，字体为"华文行楷，20号，加粗"，填充为"白-浅蓝色"；将B2:L3单元格部分合并居中，字体设为"隶书，14号"，所有文本水平垂直居中。

③将B列"编号"按样文2填充；在21行插入相应内容，将B21:L21合并居中。

④将1行行高设置为"30"，其余行行高设置为"20"；自动调整列宽。

⑤将"语文"低于平均成绩的设置格式"绿填充色深绿色文本"，将"总成绩"重复值设置格式"浅红填充色深红色文本"。

⑥根据样文为表格设置边框（图5-33）。

编号	学生姓名	性别	课程						总成绩	平均成绩
			语文	数学	英语	C语言	数据库	计算机网络		
2019001	杨正×	男	89	78	92	78	69	80	486	81.00
2019002	殷盛×	女	90	82	85	73	70	78	478	79.67
2019003	周显×	男	76	75	87	82	80	85	485	80.83
2019004	杨海×	男	80	0	67	80	80	78	385	64.17
2019005	陈大×	男	72	86	78	90	83	76	485	80.83
2019006	周×	女	86	78	86	72	82	84	487	81.17
2019007	梅×	女	83	86	90	72	82	84	497	82.83
2019008	王雨×	男	70	69	87	74	90	76	466	77.67
2019009	唐得×	男	85	90	78	71	90	80	494	82.33
2019010	吉克石×	男	76	78	78	78	82	87	488	81.33
2019011	朱雯×	女	80	73	76	76	75	78	449	74.83
2019012	徐可×	女	72	78	84	73	87	87	476	79.33
2019013	罗光×	男	78	80	84	86	67	80	475	79.17
2019014	舒纪×	男	82	83	82	82	85	82	496	82.67
2019015	曾×	女	75	80	80	75	80	76	466	77.67
2019016	秦隆×	男	73	86	74	81	90	82	482	80.33
2019017	秦浩×	男	86	83	85	86	83	75	498	83.00

注：杨海×数学作弊0分，设置为"警告文本"。

图5-33　样文1

2.制作"二十四节气表"

（1）打开素材文件夹中的"Excel-2.xlsx"文件，另存至"Excel"文件夹，名字改为"ks-2.xlsx"。

（2）在Sheet1工作表完成如下操作。

①表格行高设置为“30”；B列列宽设置为“10”，其余列宽设置为“20”。

②将B2:E2单元格合并居中，字体为“华文彩云，20号，加粗”，蓝色，水平对齐为“分散对齐缩进5字符”。

③将B3:E11套用表格样式“表样式中等深浅9”；将B3：E3单元格部分合并居中，字体为“黑体，16号，加粗”；将B4:B11单元格部分合并居中，字体为“方正舒体，20号”，按样文2填充颜色和文本方向。

④C4:E11单元格字体为“方正舒体，14号”；所有文本水平垂直居中（图5-34）。

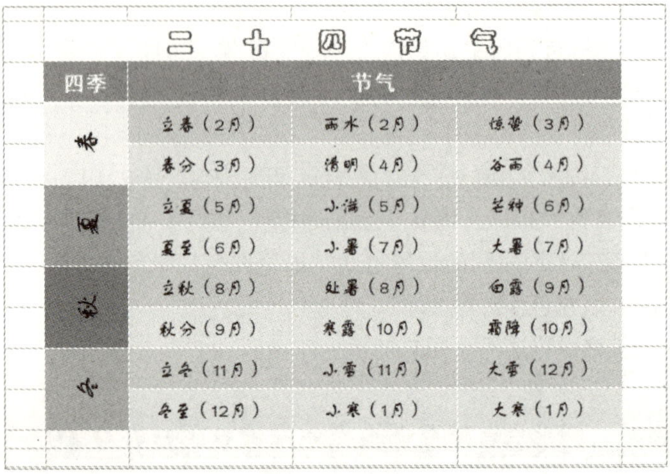

二十四节气			
四季	节气		
春	立春（2月）	雨水（2月）	惊蛰（3月）
	春分（3月）	清明（4月）	谷雨（4月）
夏	立夏（5月）	小满（5月）	芒种（6月）
	夏至（6月）	小暑（7月）	大暑（7月）
秋	立秋（8月）	处暑（8月）	白露（9月）
	秋分（9月）	寒露（10月）	霜降（10月）
冬	立冬（11月）	小雪（11月）	大雪（12月）
	冬至（12月）	小寒（1月）	大寒（1月）

图5-34 样文2

考级实战

第一学期期末考试刚刚结束，小蒋老师将一年级3个班的成绩均录入了文件名为“学生成绩单.xlsx”的Excel工作簿文档中。请你根据下列要求帮助小蒋老师对该成绩单进行整理和分析：

1.对工作表“第一学期期末成绩”中的数据列表进行格式化操作：将第一列“学号”列设为文本，将所有成绩列设为保留两位小数的数值；适当加大行高列宽，改变字体、字号，设置对齐方式，增加适当的边框和底纹以使工作表更加美观。

2.利用“条件格式”功能进行下列设置：将语文、数学、英语三科中不低于110 分的成绩所在的单元格以一种颜色填充，其他四科中高于95分的成绩以另一种浅红填充深红色文本标出，所用颜色深浅以不遮挡数据为宜。

3.利用公式或函数计算每一个学生的总分及平均成绩。

4.学号第 3、4 位代表学生所在的班级，例如："120105"代表12级1班5号。请通过公式“=INT（MID（A2，3，2））&"班"”提取每个学生所在的班级并按下列对应关系填写在“班级”列中：

“学号”的3、4位	对应班级
01	1班
02	2班
03	3班

5.复制工作表“第一学期期末成绩”，将副本放置到原表之后；改变该副本表标签的颜色（图5–35）。

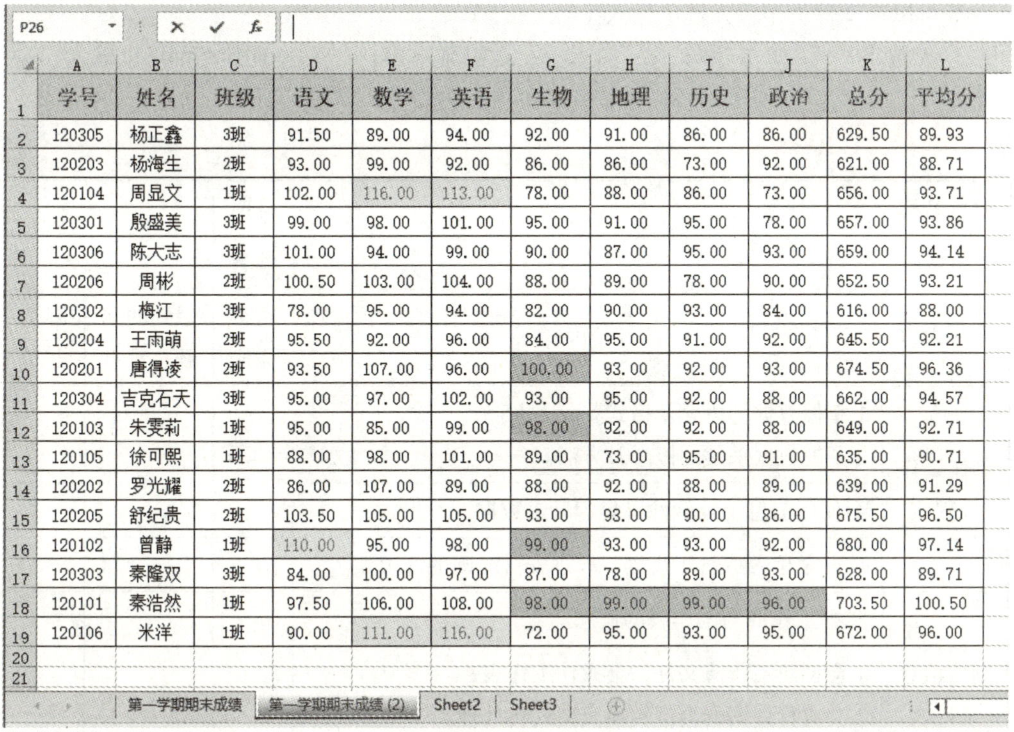
P26

	A	B	C	D	E	F	G	H	I	J	K	L
1	学号	姓名	班级	语文	数学	英语	生物	地理	历史	政治	总分	平均分
2	120305	杨正鑫	3班	91.50	89.00	94.00	92.00	91.00	86.00	86.00	629.50	89.93
3	120203	杨海生	2班	93.00	99.00	92.00	86.00	86.00	73.00	92.00	621.00	88.71
4	120104	周显文	1班	102.00	116.00	113.00	78.00	88.00	86.00	73.00	656.00	93.71
5	120301	殷盛美	3班	99.00	98.00	101.00	95.00	91.00	95.00	78.00	657.00	93.86
6	120306	陈大志	3班	101.00	94.00	99.00	90.00	87.00	95.00	93.00	659.00	94.14
7	120206	周彬	2班	100.50	103.00	104.00	88.00	89.00	78.00	90.00	652.50	93.21
8	120302	梅江	3班	78.00	95.00	94.00	82.00	90.00	93.00	84.00	616.00	88.00
9	120204	王雨萌	2班	95.50	92.00	96.00	84.00	95.00	91.00	92.00	645.50	92.21
10	120201	唐得凌	2班	93.50	107.00	96.00	100.00	93.00	92.00	93.00	674.50	96.36
11	120304	吉克石天	3班	95.00	97.00	102.00	93.00	95.00	92.00	88.00	662.00	94.57
12	120103	朱雯莉	1班	95.00	85.00	99.00	98.00	92.00	92.00	88.00	649.00	92.71
13	120105	徐可熙	1班	88.00	98.00	101.00	89.00	73.00	95.00	91.00	635.00	90.71
14	120202	罗光耀	2班	86.00	107.00	89.00	88.00	92.00	88.00	89.00	639.00	91.29
15	120205	舒纪贵	2班	103.50	105.00	105.00	93.00	93.00	90.00	86.00	675.50	96.50
16	120102	曾静	1班	110.00	95.00	98.00	99.00	93.00	93.00	92.00	680.00	97.14
17	120303	秦隆双	3班	84.00	100.00	97.00	87.00	78.00	89.00	93.00	628.00	89.71
18	120101	秦浩然	1班	97.50	106.00	108.00	98.00	99.00	99.00	96.00	703.50	100.50
19	120106	米洋	1班	90.00	111.00	116.00	72.00	95.00	93.00	95.00	672.00	96.00
20												
21												

第一学期期末成绩 | 第一学期期末成绩 (2) | Sheet2 | Sheet3

图5–35　样文3

习题演练

一、填空题

1.在Excel中用来储存并处理工作表数据的文件称为________。

2.在单元格输入日期时，两种可使用的年月日间隔符是________。

3.在单元格输入公式时，输入的第一个符号是________。

4.如果同时选定不相邻的多个单元格的组合键是________。

5.要在单元格中输入身份证号码，必须先把此单元格数据类型设置成____________再输入。

二、选择题

1.Excel提供的电子表格一次性可以同时打开（　　）个窗口。

A.1　　B.2　　C.10　　D.若干个

2.（　　）菜单不属于菜单栏。

A.工具　　B.查看　　C.视图　　D.编辑

3.新建工作簿的快捷键是（　　）。

A.Shift+B　　B.Ctrl+N　　C.Alt+N　　D.Ctrl+Alt+N

4.系统默认的每个工作簿有（　　　）张工作表。

    A.10　　　　　　B.5　　　　　　　C.7　　　　　　　D.3

5.可以在文件类型输入框中输入（　　　）。

    A.数字　　　　B.字母　　　　　C.中文　　　　　D.什么都可以输入

学习评价

项目名称		日期		
班级		姓名		
任务内容	评价内容	是否完成	遇到的问题、难点	解决办法
制作工作日程表	1.掌握数据的概念及格式； 2.了解数据采集的概念及方法。			
	会使用信息工具软件采集、录入数据。			
	培养学生养成善于规划、合理安排时间的好习惯。			
制作信息统计表	掌握工作簿与工作表的概念。			
	1.会创建工作簿文件，会操作工作表； 2.会进行数据的类型转换及格式化处理。			
	培养学生的审美素养。			
编辑美化信息统计表	掌握边框底纹的设置方法。			
	会使用边框底纹、套用格式等美化表格。			
	培养学生的精益求精的匠心素养。			

项目六
制作新员工考核成绩表

　　大数据时代，人们采集数据的速度越来越快，采集到的数据也越来越多。当人们采集到的数据有重复值，或存在不完整、不一致等异常情况时，就会影响后续的数据分析结果。因此，在进行数据分析前要先对采集到的数据进行加工处理。加工数据主要包括对数据进行清理、计算、统计、查询等操作。我们可以采用Excel提供的替换、数据验证、公式、函数等工具来解决问题。

　　在本项目中，我们主要学习数据处理和数据清理的概念，数据清理的常用方法，单元格引用，函数和公式的组成及使用方法等知识。

学习目标

知识目标： 1.了解数据处理和数据清理的基本概念。

　　　　　2.掌握数据清理的常用方法。

　　　　　3.理解单元格的引用。

　　　　　4.掌握公式和函数的组成及使用方法。

技能目标： 1.会使用删除重复值、分列、补全缺失值、数据验证等方法清理数据。

　　　　　2.会使用公式、函数等进行数据计算。

　　　　　3.会使用函数进行统计分析、查询。

思政目标： 1.引导学生确立竞争意识，形成创新素养。

　　　　　2.引导学生养成学以致用的良好素养。

　　　　　3.引导学生形成多种方法解决问题的匠心精神。

相关知识

1.数据处理

　　数据处理是指对数据的采集、清理、存储、检索、加工、变换和传输。数据处理的目的是从大量的、杂乱无章的、难以理解的数据中抽取并推导出某些有价值、有意义的数据。

2.数据清理

数据清理是指发现和更正数据的错误，筛选和清除重复数据，查找并补全缺失数据，转换和统一数据格式等，以提高数据使用的质量。

3.数据清理的基本内容

①尽可能赋予属性名和属性值明确的含义。
②统一多个数据源的属性值代码。
③去除无用的属性或空值属性。
④去除重复属性。
⑤去掉数据中的噪声、填充空值、丢失值和处理不一致数据。
⑥合理选择关联字段。

4.常用的数据清理

（1）删除重复值

Excel表格中有时会出现重复的记录，我们一般情况下不需要这些重复的记录，那么就需要删除这些重复的记录。自动删除重复值可以单击"数据"菜单下的"删除重复值"按钮，然后在对话框中选择一个或多个包含重复值的列，单击"确定"即可，如图6-1所示。

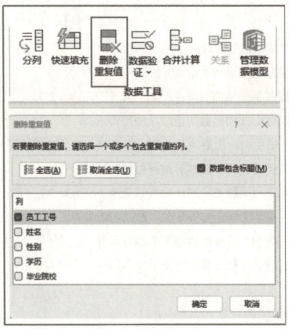

图6-1 删除重复值

（2）分列

在原始数据表中有时会发现几列数据录入到一列上去了，这时就需要使用分列。

分列，即是把Excel工作表中的数据按照一定的规则分成两列或两列以上。

分列有两种方式：

按照固定的宽度：选中需分列的单元格，然后在"数据"菜单下选择"分列"，选择"固定宽度"，单击"下一步"，然后在数据预览窗口中单击，指定列宽，单击"下一步"即完成，如图6-2所示。

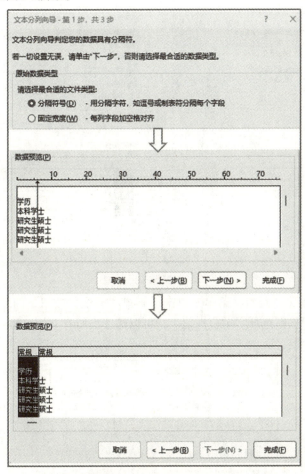

图6-2 按固定宽度分列

按分隔符分列：选中需分列单元格后在"数据"菜单下选择"分列"，选择"分隔符号"，单击"下一步"，选定分隔符号（可以在括号中输入所列选项中没有的符号），单击"下一步"，单击"完成"，如图6-3所示。

分列有一个很有用的特殊用途，就是用来转换数据类型。当有一列文本方式存储的数据要转成数字格式，只要按以上任一方式默认设置分列，就可以完成转换；而同样数字转换成文本时，只要在分列过程中修改数据类型"常规"为文本就可以了；日期型和文本型的转换只要在格式符合的情况下也可以完成；注意用分列做转换前先在后面添加一个空列，以免覆盖后面的数据。

（3）补齐缺失数据

缺失数据是指原始数据表中的单元格值为空，或为NULL等。寻找缺失数据的方法有定位空值或筛选等。

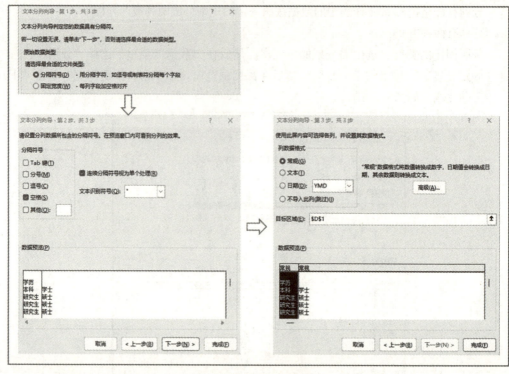

图6-3　按分隔符分列

定位空值是指在"开始"菜单中单击"查找和替换"按钮下的"定位条件"，在"定位条件"对话框里选择"定位空值"，可以筛选出所有空值，然后进行替换或直接插入值，如图6-4所示。

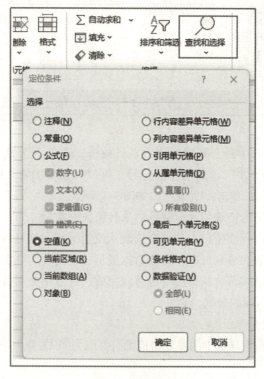

图6-4　定位空值

（4）数据验证

数据验证是数据处理中常用的方法，可以对数据的录入添加一定的限制条件，全面地控制输入的数据。在"数据"菜单下单击"数据验证"按钮，打开"数据验证"对话框，单击"设置"选项卡，在其中即可进行设置，如图6-5所示。

"允许"下拉列表框中可以设置所选单元格的输入类型，如序列、整数、小数、日期等。

"数据"下拉列表框中可以设置数据输入的范围条件，如小于、大于、介于、小于或等于等，并可在下方的文本框中设置数据范围，包括最小值、最大值等，这些参数组合起来就确定了数据的输入范围。

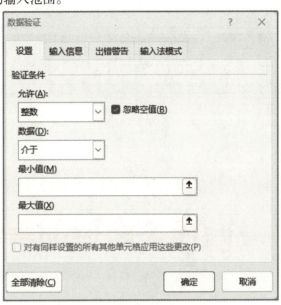

图6-5　设置数据验证条件

在"来源"文本框中可输入数据的内容或引用数据所在的单元格区域。还可以在"数据验证"对话框中设置"输入信息"和"出错警告"等信息。

5.数据计算

数据计算是指对数据进行各种算术和逻辑运算，以便得到所需的信息。Excel中常用的数据计算方法是使用公式和函数进行运算。

Excel中的公式是指在单元格中执行计算功能的等式，所有的公式都必须以等号"＝"开头，"＝"后面是参与计算的运算数据和运算符。

Excel中的函数是一种预定义的内置公式，它使用一些被称为参数的特定数值，按特定的顺序或结构进行计算，然后返回结果。所有函数都包含函数名、参数和圆括号3部分。

6.定义名称

在工作表中，可用列标号和行号引用单元格，也可用名称来表示单元格或单元格区域。使用名称可以使公式更容易理解和维护，更新、审核和管理这些名称更为方便。如

图6-6所示，采用"员工工号"表示"$A$2:$A$8"单元格区域。定义名称可以右击选中的单元格区域，在快捷菜单中选择"定义名称"，也可以在"公式"菜单下的"根据所选内容创建名称"下定义名称。在名称管理器中可以删除已创建的名称。

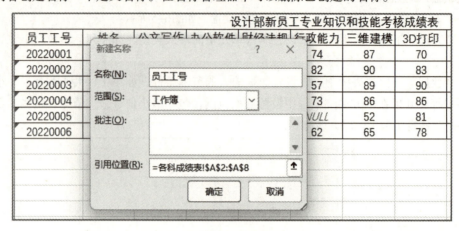

图6-6　定义名称

任务一

制作入职培训考核成绩表

任务引入

　　小王准备统计新员工入职培训考核成绩表中的数据，但他发现里面有重复项，有的值项还残缺不全，他决定先利用Excel的数据清理功能对表格中的数据进行整理，然后再用公式进行计算，如图6-7所示。

新员工入职培训考核成绩统计表					
员工工号	姓名	公文写作	办公软件	财经法规	行政能力
20220001	张红梅	75	68	65	74
20220002	李小华	82	76	67	76
20220003	王悦山	84	87	缺考	75
20220004	张峰越	73	84	70	73
20220005	刘林强	69	78	74	缺考
20220006	吴子涵	71	74	72	62
20220002	李小华	82	76	67	76

图6-7　培训考核表

 **任务清单**

任务名称	制作入职培训考核成绩表				
班级		姓名		日期	
环境需求	完成本任务所需信息工具有哪些？				
活动名称	活动内容及要求				
课前活动	1.你观察到表格中的数据出现了哪些问题？ 2.思考应怎样清理这些数据？				
课中活动	1.尝试清理表中的重复数据项，补全不完全的值项。 2.思考用什么方法能统计出表中各员工的培训总成绩及平均分？ 3.计算表中相关数据的总分和平均值。				
课后活动	尝试用其他方法统计表中相关数据的总分和平均值。				

任务知识

1.公式

Excel中的公式是以"="开头，通过使用运算符将数据、单元格引用、函数等元素按一定顺序连接在一起，从而实现对工作表中的数据执行计算的等式，如图6-8所示。

图6-8 Excel中的公式

2.单元格引用

单元格的引用分为相对引用、绝对引用和混合引用。

公式中的单元格相对引用（例如 A1）是基于包含公式和单元格引用的相对位置。如果公式所在单元格的位置改变，引用也随之改变。如果多行或多列地复制公式，引用会自动调整。默认情况下，新公式使用相对引用。

单元格中的绝对引用（例如$F$6）总是在指定位置引用单元格F6。如果公式所在单元格的位置改变，绝对引用的单元格始终保持不变。如果多行或多列地复制公式，绝对引用将不作调整。默认情况下，新公式使用相对引用，需要时才将它们转换为绝对引用。

混合引用具有绝对列和相对行，或是绝对行和相对列两种情况。绝对引用列采用 $A1、$B1 等形式。绝对引用行采用 A$1、B$1 等形式。如果公式所在单元格的位置改变，则相对引用改变，而绝对引用不变。如果多行或多列地复制公式，相对引用自动调整，而绝对引用不作调整。

 任务实施

制作入职培训考核成绩表

微 课

步骤1：打开"培训考核表"工作簿，单击表格中任意单元格，单击"数据工具"面板中的"删除重复项值"，可以删除表中重复的选项数据，如图6-9所示。

员工工号	姓名	公文写作	办公软件	财经法规	行政能力
20220001	张红梅	75	68	65	74
20220002	李小华	82	76	67	76
20220003	王悦山	84	87	缺考	75
20220004	张峰越	73	84	70	73
20220005	刘林强	69	78	74	缺考
20220006	吴子涵	71	74	72	62
20220002	李小华	82	76	67	76

图6-9 单击"删除重复值"按钮

步骤2：在"删除重复值"对话框中，单击选中"员工工号"和"姓名"复选框，表示将检查这两列项目的重复情况，单击"确定"按钮，就可以删除表中重复的选项数据，如图6-10所示。

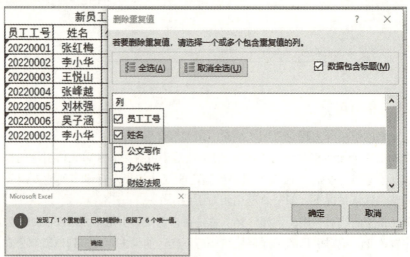

图6-10 删除指定检查项目的重复值

步骤3：单击表中任意单元格，单击"开始"→"编辑"面板中的"查找和选择"→"替换"，如图6-11所示。

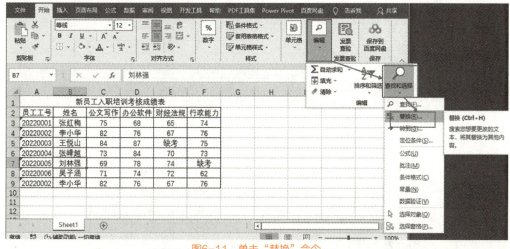

图6-11　单击"替换"命令

步骤4：在打开的"查找和替换"对话框中，在"查找内容"栏输入"缺考"，在"替换为"栏输入"0"，单击"全部替换"，弹出对话框提示"全部完成。完成2处替换"，单击"确定"，如图6-12所示。这样可以将表中的"缺考"数据全部转换为数值0，为后面需要统计的数据统一格式，便于计算。

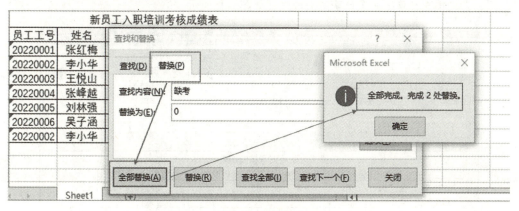

图6-12　替换数据

💡 **温馨提示：**

当表格中出现数据残缺不全或模糊不清有歧义时，可以采用数据替换、数据类型转换、函数转换等方式补全数据，或者统一数据格式。也可以根据实际情况用0或Null替换残缺值。

步骤5：单击"行政能力"右面的单元格，输入文本"总成绩"，再单击"总成绩"右面的单元格，输入文本"平均分"，加上相应的边框线，如图6-13所示。

步骤6：选择G3单元格，在编辑栏中输入公式"=C3+D3+E3+F3"，然后按回车键，可求第一个员工的总成绩，如图6-14所示。

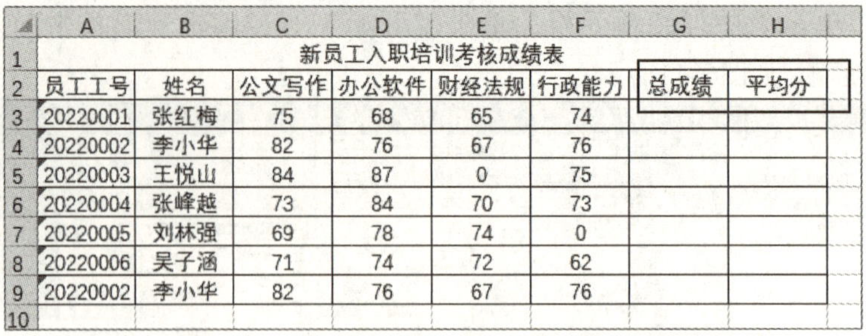

	A	B	C	D	E	F	G	H
1				新员工入职培训考核成绩表				
2	员工工号	姓名	公文写作	办公软件	财经法规	行政能力	总成绩	平均分
3	20220001	张红梅	75	68	65	74		
4	20220002	李小华	82	76	67	76		
5	20220003	王悦山	84	87	0	75		
6	20220004	张峰越	73	84	70	73		
7	20220005	刘林强	69	78	74	0		
8	20220006	吴子涵	71	74	72	62		
9	20220002	李小华	82	76	67	76		
10								

图6-13 插入"总成绩"和"平均分"单元格

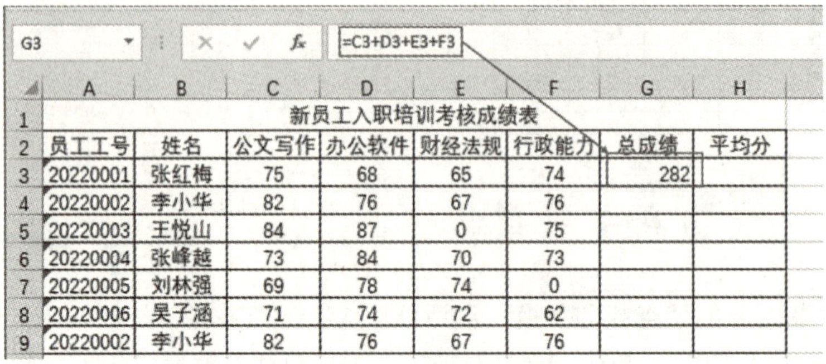

图6-14 使用公式计算总成绩

步骤7：选中G3单元格，使用填充柄拖曳至G9单元格，可以通过复制G3单元格中的公式，自动填充计算出其余员工的总成绩，如图6-15所示。

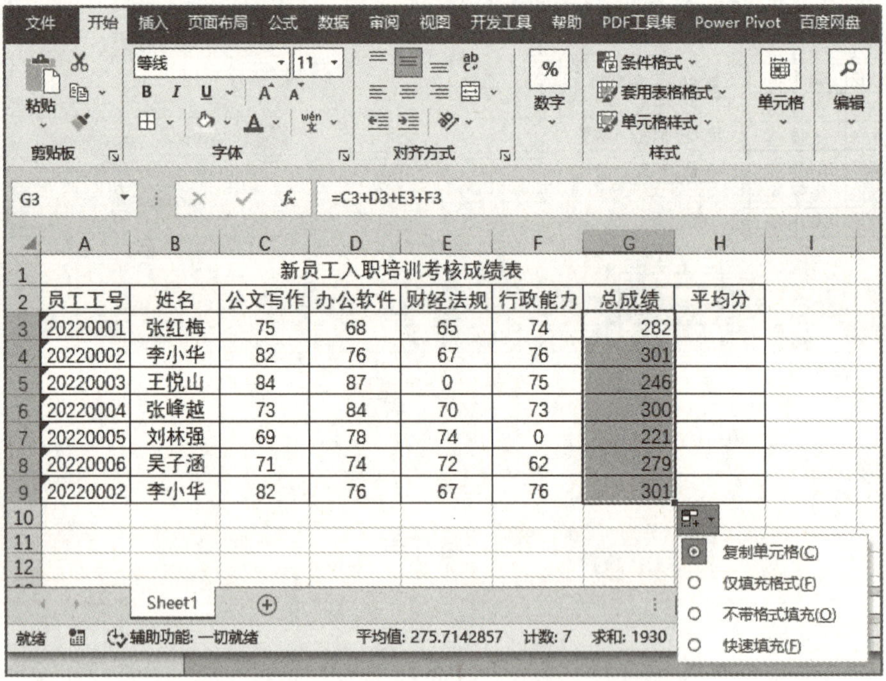

图6-15 复制公式自动填充

步骤8：参照步骤6和步骤7的方法，可以求出各员工的平均成绩，只是将H3中的公式改成了"=G3/4"或者"=（C3+D3+E3+F3）/4"，然后再使用填充柄自动填充，如图6-16所示。

图6-16　计算平均分成绩

步骤9：保存文件并关闭。文件名为"新员工入职培训考核成绩表"。

 任务二

制作新员工专业知识和技能考核成绩表

任务引入

小王在计算如图6-17所示的"设计部新员工专业知识和技能考核成绩"时，发现用运算表达式计算虽然直观易理解，但是操作起来却比较麻烦，他想换种方法来计算员工考核成绩。

设计部新员工专业知识和技能考核成绩表											
员工工号	姓名	公文写作	办公软件	财经法规	行政能力	三维建模	3D打印	虚拟仿真	动画设计	总分	平均分	排名	等级
20220001	张红梅	75	68	65	74	87	70	75	92				
20220002	王小峰	82	76	67	82	90	83	83	94				
20220003	李义山	84	87	NULL	57	89	90	78	84				
20220004	张峰越	73	84	70	73	86	86	94	87				
20220005	刘云洪	63	78	81	NULL	52	81	62	63				
20220006	赵思琪	71	74	72	62	65	78	74	81				

图6-17　设计部新员工专业知识和技能考核成绩表

 **任务清单**

任务名称	制作新员工专业知识和技能考核成绩表				
班级		姓名		日期	
环境需求	完成本任务所需信息工具有哪些?				
活动名称	活动内容及要求				
课前活动	观察图6-17所示表格，思考能用简单公式来计算吗？有更好的方法计算吗？				
课中活动	1.思考用什么方法能统计出表中各员工的考核总成绩的排名？ 2.尝试采用函数方式计算员工的考核成绩分、平均分、排名和等级。				
课后活动	了解其他函数的功能及使用方法。				

 **任务知识**

1.函数

函数是一种预设好的、特殊的公式。函数可以简化公式的输入过程，提高计算效率。Excel中的函数包括"=、函数名、小括号和函数参数"4部分，如图6-18所示。其中函数名称表示函数的功能，每个函数都具有唯一的函数名称；函数参数指函数运算对象，可以是数字、文本、逻辑值、表达式、引用或其他函数等。

图6-18　Excel中的函数组成

2.常用函数

SUM函数：属于数学函数，计算指定单元格区域中所有数值的和。其语法格式为：SUM（number1，number2，…）。如"=SUM（C3:J3）"表示将C3:J3单元格区域中的数值相加求和。和SUM函数相关的函数有SUMIF函数、SUMIFS函数。

AVERAGE函数：属于统计函数，返回其参数的算术平均值。其语法格式为：AVERAGE（number1，number2，…）。如"=AVERAGE（C3:J3）"表示求C3:J3单元格区域中的数值的平均值。相关函数有AVERAGEA函数、AVERAGEIF函数、AVERAGEIFS

函数等。

RANK.EQ函数：属于统计函数，返回某数字在一列数字中相对于其他数值的大小排名，如果多个数值排名相同，则返回该组数值的最佳排名。其语法格式为：RANK.EQ（number,ref,order）。如"=RANK.EQ（K3,$K$3:$K$8,0）表示求K3单元格中的数据在K3:K8区域之间的排名，排名方式为降序。RANK（）函数也能实现排名的功能，主要用在Excel 2007及之前的版本。

IF函数：属于逻辑函数，判断是否满足某个条件，如果满足返回一个值，如果不满足则返回另一个值。其语法格式为：IF（logical_test,value_if_true,value_if_false）。如=IF（L3>80,"优秀"，"合格"）表示如果L3单元格中的值大于80，则返回文本"优秀"，否则就返回文本"合格"。

3.NULL值

NULL表示的是空值，如果单元格为空，数值计算时Excel会把空值作为数值0进行计算。

 **任务实施**

制作新员工专业知识和技能考核成绩表

步骤1：打开工作簿"专业知识和技能考核成绩表"，选中K3单元格，在编辑栏中单击"插入函数"按钮*fx*，打开"插入函数"对话框，选择常用函数下的"SUM"函数，单击"确定"按钮，如图6-19所示。

微课

 温馨提示：

SUM函数经常使用，一般可以直接在"插入函数"对话框中的"常用函数"下找到。如果是其他不常用的函数则应该在"或选择类别"下拉列表框中选择类别后，再选择函数。

步骤2：在函数参数对话框中，在Number1文本框中输入"C3:J3"，表示对该单元格区域中的数据求和，然后单击"确定"按钮，如图6-20所示。

温馨提示：

函数参数中的单元格区域既可以直接输入地址引用，也可以用鼠标在表格中拖动选择区域。一般在表格中首次使用SUM函数，系统会自动识别区域范围。无论是公式还是函数都应该在英文输入法状态下进行输入。

步骤3：拖曳K3单元格右下角的填充柄至K8单元格，使用填充函数的方式快速计算其他员工的总成绩，如图6-21所示。

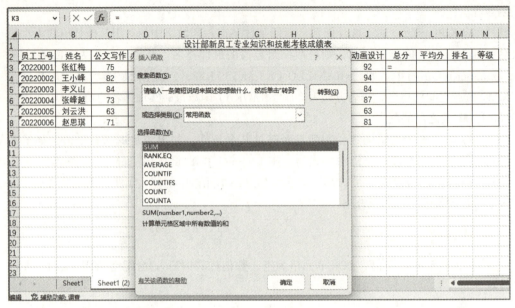

图6-19　插入函数

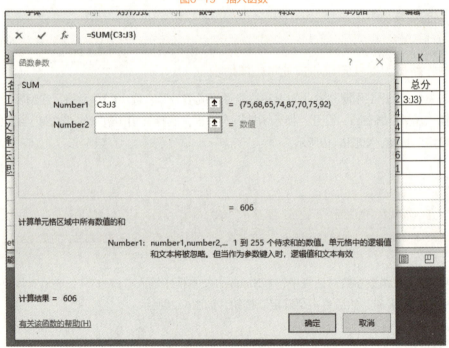

图6-20　输入单元格区域

	员工工号	姓名	公文写作	办公软件	财经法规	行政能力	三维建模	3D打印	虚拟仿真	动画设计	总分	平均分	排名	等级
						设计部新员工专业知识和技能考核成绩表								
3	20220001	张红梅	75	68	65	74	87	70	75	92	606			
4	20220002	王小峰	82	76	67	82	90	83	83	94	657			
5	20220003	李义山	84	87	NULL	57	89	90	78	84	569			
6	20220004	张峰越	73	84	70	73	86	86	94	87	653			
7	20220005	刘云洪	63	78	81	NULL	52	81	62	63	480			
8	20220006	赵思琪	71	74	72	62	65	78	74	81	577			

图6-21　填充函数

步骤4：参照插入SUM函数的方法，在L3单元格插入AVERAGE函数。仍然选择C3:J3单元格区域作为函数参数，结果如图6-22所示。

| L3 | | fx | =AVERAGE(C3:J3) | | | | | | | | | | | |

	A	B	C	D	E	F	G	H	I	J	K	L	M	N
1					设计部新员工专业知识和技能考核成绩表									
2	员工工号	姓名	公文写作	办公软件	财经法规	行政能力	三维建模	3D打印	虚拟仿真	动画设计	总分	平均分	排名	等级
3	20220001	张红梅	75	68	65	74	87	70	75	92	606	75.75		
4	20220002	王小峰	82	76	67	82	90	83	83	94	657	82.125		
5	20220003	李义山	84	87	NULL	57	89	90	78	84	569	81.2857		
6	20220004	张峰越	73	84	70	73	86	86	94	87	653	81.625		
7	20220005	刘云洪	63	78	81	NULL	52	81	62	63	480	68.5714		
8	20220006	赵思琪	71	74	72	62	65	78	74	81	577	72.125		
9														
10														

图6-22　使用AVERAGE函数求平均分

步骤5：选中M3单元格，在编辑栏中单击"插入函数"按钮*fx*，打开"插入函数"对话框，选择类别为"统计"函数下的"RANK.EQ"函数，单击"确定"按钮，如图6-23所示。

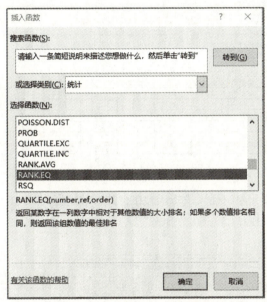

图6-23　插入RANK.EQ函数

步骤6：在函数参数对话框里，Number文本框中输入"K3"，在Ref文本框里输入"K\$3:K\$8"，在Order文本框里输入"0"或忽略不输入，再单击"确定"按钮，如图6-24所示。

💡 **温馨提示：**

> 有的函数使用过程中需要绝对引用或混合引用单元格，视具体情况而定。此处的RANK.EQ函数就需要混合引用单元格，要在行号前加\$。Order文本框不输入任何数字或输入0，表示按降序排名，输入非0值表示按升序排序。

步骤7：拖曳M3单元格右下角的填充柄至M8单元格，通过填充函数的方式快速统计员工的排名，如图6-25所示。

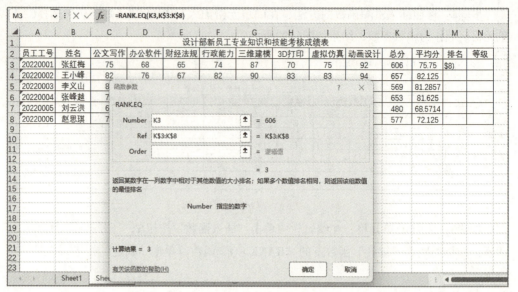

图6-24　设置RANK.EQ函数的参数

员工工号	姓名	公文写作	办公软件	财经法规	行政能力	三维建模	3D打印	虚拟仿真	动画设计	总分	平均分	排名	等级
20220001	张红梅	75	68	65	74	87	70	75	92	606	75.75	3	
20220002	王小峰	82	76	67	82	90	83	83	94	657	82.125	1	
20220003	李义山	84	87	NULL	57	89	90	78	84	569	81.2857	5	
20220004	张峰越	73	84	70	73	86	86	94	87	653	81.625	2	
20220005	刘云洪	63	78	81	NULL	52	81	62	63	480	68.5714	6	
20220006	赵思琪	71	74	72	62	65	78	74	81	577	72.125	4	

图6-25　快速填充函数

步骤8：选中N3单元格，插入逻辑函数IF，其参数设置为"=IF（L3>=80,"优秀"，IF（L3>=70,"良好",IF（L3>=60,"合格","不合格"）））"，此处IF函数有嵌套，结果如图6-26所示。

员工工号	姓名	公文写作	办公软件	财经法规	行政能力	三维建模	3D打印	虚拟仿真	动画设计	总分	平均分	排名	等级
20220001	张红梅	75	68	65	74	87	70	75	92	606	75.75	3	良好
20220002	王小峰	82	76	67	82	90	83	83	94	657	82.125	1	
20220003	李义山	84	87	NULL	57	89	90	78	84	569	81.2857	5	
20220004	张峰越	73	84	70	73	86	86	94	87	653	81.625	2	
20220005	刘云洪	63	78	81	NULL	52	81	62	63	480	68.5714	6	
20220006	赵思琪	71	74	72	62	65	78	74	81	577	72.125	4	

图6-26　嵌套使用IF函数

步骤9：使用填充柄自动填充"等级"列其他单元格，最后调整表格中的文字，数字居中对齐，小数位数保留1位。保存文件，效果如图6-27所示。

员工工号	姓名	公文写作	办公软件	财经法规	行政能力	三维建模	3D打印	虚拟仿真	动画设计	总分	平均分	排名	等级
20220001	张红梅	75	68	65	74	87	70	75	92	606	75.8	3	良好
20220002	王小峰	82	76	67	82	90	83	83	94	657	82.1	1	优秀
20220003	李义山	84	87	NULL	57	89	90	78	84	569	81.3	5	优秀
20220004	张峰越	73	84	70	73	86	86	94	87	653	81.6	2	优秀
20220005	刘云洪	63	78	81	NULL	52	81	62	63	480	68.6	6	合格
20220006	赵思琪	71	74	72	62	65	78	74	81	577	72.1	4	良好

图6-27　格式设置后的表格

 任务三

制作成绩查询小系统

任务引入

小王在设计部新员工专业知识和技能考核成绩表的基础上，想对新员工的成绩表进行深入分析，统计出应考人数，实考人数，参考率，优生率，各科最高分、最低分和平均分，以便进一步掌握新员工情况，他还做了一个简单的查询小系统，便于员工查询自己的考试成绩。他使用Excel提供的分析统计函数进行制作，结果如图6-28所示。

成绩统计表

课程	公文写作	办公软件	财经法规	行政能力	三维建模	3D打印	虚拟仿真	动画设计
平均分	74.66667	77.83333	71	69.6	78.16667	81.33333	77.66667	83.5
最高分	84	87	81	82	90	90	94	94
最低分	63	68	65	57	52	70	62	63
应考人数	6	6	6	6	6	6	6	6
参考人数	6	6	5	5	6	6	6	6
参考率	100%	100%	83%	83%	100%	100%	100%	100%
80分以上人数	2	2	1	1	4	4	2	5
60-79分人数	4	4	4	3	1	2	4	1
小于60分人数	0	0	0	1	1	0	0	0
优生率	33%	33%	20%	20%	67%	67%	33%	83%

查询小系统

员工工号	20220001
姓名	张红梅
公文写作	75
办公软件	68
财经法规	65
行政能力	74
三维建模	87
3D打印	70
虚拟仿真	75
动画设计	92
总分	606

图6-28　成绩统计表和查询小系统

任务清单

任务名称	制作成绩查询小系统				
班级		姓名		日期	
环境需求	完成本任务所需信息工具有哪些？				
活动名称	活动内容及要求				
课前活动	收集统计与查找类函数的名称及使用方法。				

续表

活动名称	活动内容及要求
课中活动	1.观察讨论：图6-28所示表格，要统计平均分、最高分、最低分、参考人数、应考人数、参考率、各分数段人数、优生率等，需要使用到哪些函数？写出这些函数的名称。 2.观察查询小系统，你认为应该怎样操作才能实现，试着写出操作步骤。 3.尝试采用函数制作图6-28的两个表格，实现查询小系统的功能。
课后活动	1.思考并尝试美化查询小系统。 2.了解其他的统计与查找类函数名称及使用方法。

任务知识

1.COUNT函数

COUNT函数属于统计函数，计算区域中包含数字的单元格的个数。其语法格式为：COUNT（value1,value2,…）。如"=COUNT（C3:C8）"表示求C3:C8单元格区域中包含数字的单元格个数。此函数只对数据型数据进行计数。

2.COUNTA函数

COUNTA函数属于统计函数，计算区域中非空单元格的个数。其语法格式为：COUNTA（value1,value2,…）。如"=COUNTA（C3:C8）"表示求C3:C8单元格区域中非空单元格的个数。和COUNT不同的是，COUNTA函数可以对任何类型数据进行计数。

3.COUNTIF函数

COUNTIF函数也属于统计函数，计算某个区域中满足给定条件的单元格数目。其语法格式为：COUNTIF（Range,Criteria）。如"=COUNTIF（C3:C8，">=80"）"表示统计C3:C8单元格区域中大于或等于80分的成绩数量。

4.COUNTIFS函数

COUNTIFS函数也属于统计函数，统计一组给定条件所指定的单元格数。其语法格式为：COUNTIFS（Criteria_range1,Criteria1,Criteria_range2,Criteria2,…）。

如"=COUNTIFS（C3:C8，"<80"，C3:C8，">=60"）"表示统计C3:C8单元格区域中大

于等于60分且小于80分的成绩数量。

5.MAX函数

MAX函数：属于统计函数，返回一组数值中的最大值，忽略逻辑值及文本。其语法格式为：MAX（number1,number2,…）。如"MAX（C3:C8）"表示统计C3:C8单元格区域数值中的最大值。

6.MIN函数

MIN函数：属于统计函数，返回一组数值中的最小值，忽略逻辑值及文本。其语法格式为：MIN（number1,number2,…）。如"MIN（C3:C8）"表示统计C3:C8单元格区域数值中的最小值。

7.SUMIF函数

SUMIF函数：属于数学函数，对满足条件的单元格求和。其语法格式为：SUMIF（Range，Criteria，Sum_range）。如"=SUMIF（D3:D8，">=80"，K3:K8）"表示对满足条件"D列大于或等于80分的"，K3:K8单元格区域中的成绩求和，其中第三个参数可以省略。

8.SUMIFS函数

SUMIFS函数：属于数学函数，对一组给定条件指定的单元格求和。其语法格式为：SUMIFS（sum_range，criteria_range，criteria，…）。如"=SUMIFS（K3:K8，I3:I8，">=80"，D3:D8，">=80"）"表示对满足条件"I列数据大于或等于80分并且D列数据大于或等于80分的"，K3:K8单元格区域中的成绩求和。

9.VLOOKUP函数

VLOOKUP函数：属于查找与引用函数，查找数据区域首列满足条件的元素，并返回数据区域当前行中指定列处的值。其语法格式为：Vlookup（lookup_value，table_array，col_index_num，range_lookup）。lookup_value指查找对象，table_array指查找区域，col_index_num指查找的值在查找区域的列号，range_lookup指精确查找还是模糊查找。注意：一般情况下，要查找的对象即参数1一定要定义在查找数据区域即参数2的第1列，才便于查找。

10.ROUND函数

ROUND函数：属于数学函数，返回某个数字按指定位数四舍五入后的数值。其语法格式为：=ROUND（Number，Num_digits）。如"=ROUND（L3,1）"表示对L3单元格中的数据进行四舍五入，保留1位小数。

11.INT函数

INT函数：属于数学函数，将数值向下取整为最接近的整数。其语法格式为：INT（number）。如"=INT（L3）"表示对L3单元格中的数据进行取整，不管小数大小，一律舍去，取小于或等于L3单元格中数据的整数。

如：75.8这个数如果用ROUND函数和INT函数分别进行计算得到的结果是不一样的。

 **任务实施**

微课

制作成绩统计表

步骤1：打开素材文件夹中的"成绩统计"工作簿，将 Sheet1工作表重命名为"各科成绩表"，删除右面的"平均分""排名""等级"3列，结果如图6-29所示。

员工工号	姓名	公文写作	办公软件	财经法规	行政能力	三维建模	3D打印	虚拟仿真	动画设计	总分
\multicolumn{11}{c}{设计部新员工专业知识和技能考核成绩表}
20220001	张红梅	75	68	65	74	87	70	75	92	606
20220002	王小峰	82	76	67	82	90	83	83	94	657
20220003	李义山	84	87	NULL	57	89	90	78	84	569
20220004	张峰越	73	84	70	73	86	86	94	87	653
20220005	刘云洪	63	78	81	NULL	52	81	62	63	480
20220006	赵思琪	71	74	72	62	65	78	74	81	577

图6-29　各科成绩表

步骤2：将Sheet2重命名为"成绩统计"，在表中统计各科平均分。将光标定位在B3单元格，单击fx按钮，插入AVERAGE函数，再单击"各科成绩表"标签，选中表中的"C3:C8"单元格区域，作为函数参数，单击"确定"，B3单元格中的值为"74.7"，同时编辑栏中的公式为"=AVERAGE（各科成绩表!C3:C8）"，如图6-30所示。

B3　=AVERAGE(各科成绩表!C3:C8)

课程	公文写作	办公软件	财经法规	行政能力	三维建模	3D打印	虚拟仿真	动画设计
\multicolumn{9}{c}{成绩统计表}
平均分	74.7							
最高分								
最低分								
应考人数								
参考人数								
参考率								
80分以上人数								
60~79分人数								
小于60分人数								
优生率								

图6-30　计算平均分

步骤3：使用填充柄复制公式，自动填充"公文写作"右面的"办公软件"等其他科目，如图6-31所示。

	成绩统计表							
2	课程	公文写作	办公软件	财经法规	行政能力	三维建模	3D打印	虚拟仿真	动画设计
3	平均分	74.7	77.8	71.0	69.6	78.2	81.3	77.7	83.5
4	最高分								
5	最低分								
6	应考人数								

图6-31 自动填充计算平均分

步骤4：参照步骤2和步骤3，将光标定位在B4单元格，插入MAX函数，再单击"各科成绩表"标签，选中表中的"C3:C8"单元格区域，作为函数参数，单击"确定"，B4单元格中的值为"84"，同时编辑栏中的公式为"=MAX（各科成绩表!C3:C8）"，然后再拖动填充柄进行填充，就可以统计出各科成绩的最高分。

步骤5：参照步骤2和步骤3，将光标定位在B5单元格，插入MIN函数，再单击"各科成绩表"标签，选中表中的"C3:C8"单元格区域，作为函数参数，单击"确定"，B5单元格中的值为"63"，同时编辑栏中的公式为"=MIN（各科成绩表!C3:C8）"，然后再拖动填充柄进行填充，就可以统计出各科成绩的最低分。

步骤6：参照步骤2和步骤3，将光标定位在B6单元格，插入COUNTA函数，再单击"各科成绩表"标签，选中表中的"C3:C8"单元格区域，作为函数参数，单击"确定"，B6单元格中的值为"6"，同时编辑栏中的公式为"=COUNTA（各科成绩表!C3:C8）"，然后再拖动填充柄进行填充，就可以统计出各科应考人数。

步骤7：参照步骤2和步骤3，将光标定位在B7单元格，插入COUNT函数，再单击"各科成绩表"标签，选中表中的"C3:C8"单元格区域，作为函数参数，单击"确定"，B7单元格中的值为"6"，同时编辑栏中的公式为"=COUNT（各科成绩表!C3:C8）"，然后再拖动填充柄进行填充，就可以统计出各科实际参考人数。

步骤8：将光标定位在B8单元格，输入公式"=B7/B6"，按回车键，这时B8单元格中的值为"1"，然后拖动填充柄向右填充，再选中此行数据，设置数据格式为"百分比"，小数位数为0位。这样就可以统计出各科的参考率，如图6-32所示。

步骤9：将光标定位在B9单元格，插入COUNTIFS函数，再单击"各科成绩表"标签，选中表中的"C3:C8"单元格区域，作为函数的第一个参数，在第二个参数框中输入条件">=80"，单击"确定"，B9单元格中的值为"2"，同时编辑栏中的公式为"=COUNTIFS（各科成绩表!C3:C8,">=80"）"，然后再拖动填充柄进行填充，就可以统计出各科80分以上的人数。

步骤10：将光标定位在B10单元格，插入COUNTIFS函数，再单击"各科成绩表"标签，选中表中的"C3:C8"单元格区域，作为函数的第一个参数，在第二个参数框中输入条件">=60"，再次选择"各科成绩表"中的"C3:C8"单元格区域作为第三个参数框中的参数，在第四个参数框中输入条件"<79"，单击"确定"，B10单元格中的值为"4"，同时编辑栏中的公式为"=COUNTIFS（各科成绩表!C3:C8,">=60",各科成绩表!C3:C8，"<=79"）"，然后再拖动填充柄进行填充，就可以统计出各科60~79分的人数，如图6-33所示。

图6-32　计算最高分、最低分、参考率等

图6-33　统计各分数段人数

步骤11：将光标定位在B11单元格，插入COUNTIFS函数，再单击"各科成绩表"标签，选中表中的"C3:C8"单元格区域，作为函数的第一个参数，在第二个参数框中

输入条件"<60",单击"确定",B11单元格中的值为"0",同时编辑栏中的公式为"=COUNTIFS(各科成绩表!C3:C8,"<60")",然后再拖动填充柄进行填充,就可以统计出各科60分以下人数。

步骤12:参考步骤8,将光标定位在B12单元格,输入公式"=B9/B7",按回车键,这时B12单元格中的值为"0.33",然后拖动填充柄向右填充,再选中此行数据,设置数据格式为"百分比",小数位数为0位。这样就可以统计出各科的优生率,如图6-34所示。

B12		✕ ✓ *fx*	=B9/B7						
▲	A	B	C	D	E	F	G	H	I
1	成绩统计表								
2	课程	公文写作	办公软件	财经法规	行政能力	三维建模	3D打印	虚拟仿真	动画设计
3	平均分	74.7	77.8	71.0	69.6	78.2	81.3	77.7	83.5
4	最高分	84	87	81	82	90	90	94	94
5	最低分	63	68	65	57	52	70	62	63
6	应考人数	6	6	6	6	6	6	6	6
7	参考人数	6	6	5	5	6	6	6	6
8	参考率	100%	100%	83%	83%	100%	100%	100%	100%
9	80分以上人数	2	2	1	1	4	4	2	5
10	60-79分人数	4	4	4	3	1	2	4	1
11	小于60分人数	0	0	0	1	1	0	0	0
12	优生率	33%	33%	20%	20%	67%	67%	33%	83%

图6-34 计算优生率

制作查询小系统

步骤1:将"成绩统计"工作簿中的 Sheet3工作表重命名为"查询小系统",如图6-35所示。

步骤2:选中"各科成绩表"中的"A2:A8"单元格区域,在"公式"菜单下单击"根据所选内容创建定义的名称",在对话框中勾选"首行"复选框,单击"确定",如图6-36所示。

步骤3:将光标定位在"查询小系统"的C3单元格,然后在"数据"菜单下,单击"数据验证",在数据验证对话框中的"允许"下,选择"序列",在"来源"处输入"=员工工号",单击"确定",这时在C3单元格旁会出现一个下拉三角形按钮,如图6-37所示。

微 课

图6-35 重命名工作表

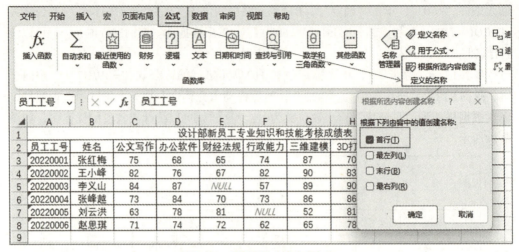

图6-36　根据所选内容定义名称

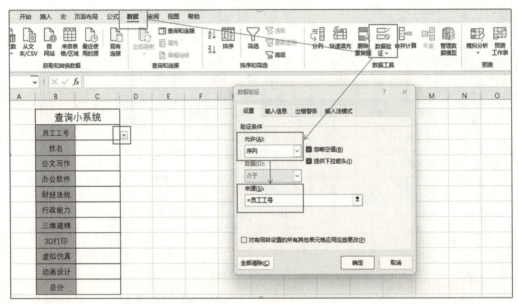

图6-37　设置数据验证

步骤4：在C3单元格选择员工工号为"20220001"，然后在C4单元格插入VLOOKUP函数，选择"C3"作为函数的第一个参数，再单击"各科成绩表"标签，选中表中的"A2:K8"单元格区域，作为函数的第二个参数，并将"A2:K8"设为绝对引用，即"$A$2:$K$8"，在第三个参数框中输入数值"2"，第四个参数可以省略，单击"确定"，C4单元格中的值为"张红梅"，同时编辑栏中的公式为"=VLOOKUP（C3,各科成绩表!$A$2:$K$8，2）"，这时就查找到了"姓名"所对应的数据，如图6-38所示。

步骤5：同样的方法，在C5单元格中插入VLOOKUP函数，然后在第三个参数框输入"3"，其他参数和步骤4的相同，编辑栏中的公式为"=VLOOKUP（C3,各科成绩表!$A$2:$K$8，3）"，这时就查找到了"公文写作"所对应的数据，如图6-39所示。

步骤6：同样的方法，继续在C6—C13中插入VLOOKUP函数，只需要修改第三个参数框中的值，其他选项不变，就可以依次查询出其他单元格所对应的数据，如图6-40所示。

图6-38　查询数据

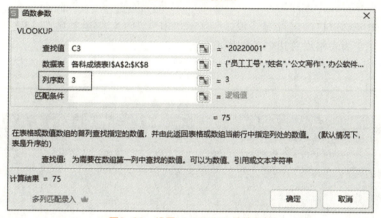

图6-39　设置VLOOKUP函数参数

步骤7：当单击C3单元格旁的下拉三角形按钮，选择序列中的其他员工工号时，表格中就会显示和此工号相关的员工信息，实现查询的目的，如图6-41所示。

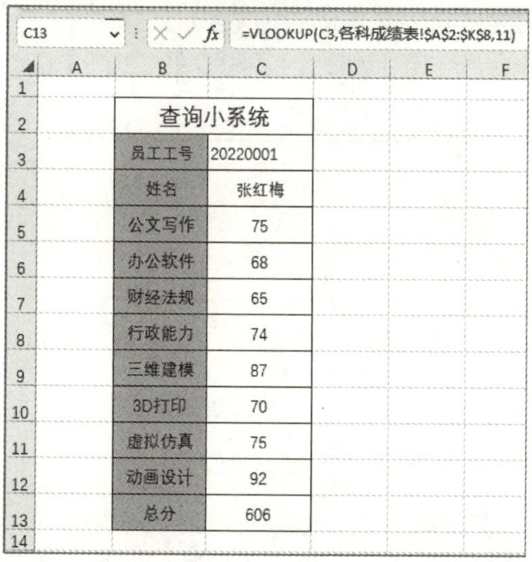

图6-40　继续插入VLOOKUP函数

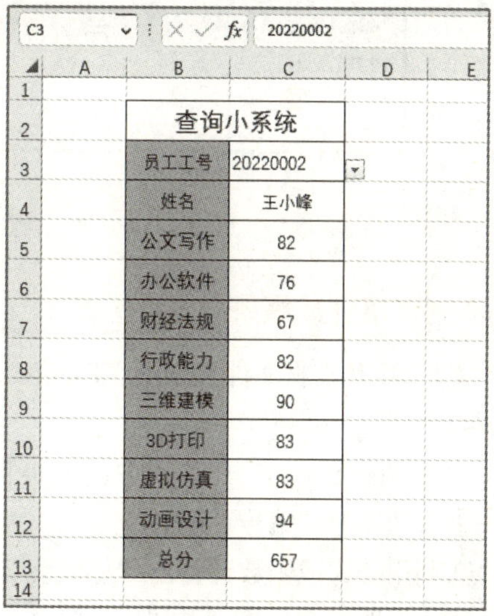

图6-41　查询其他员工信息

直通高考

1.制作"超市销售表"

（1）打开素材文件夹中的"Excel-1.xlsx"文件，另存至"Excel"文件夹，名字改为"ks-1.xlsx"。

（2）在"Sheet1"工作表中进行如下操作。

①自动填充"序号"列。

②利用公式或函数计算出"总销量""平均销售量""最高销售量""最低销售量"；将"平均销售量"保留两位小数；为"总销售量"的数据添加货币符号。

③将标题行单元格合并居中，字体为"仿宋，18号，加粗"，紫色；将B3:I14单元格套用"表样式中等深浅12"；将B15:I17区域应用单元格样式"警告文本"；将F3:H3单元格文本控制设置为缩小字体填充；所有文本水平垂直居中。

④将表格标题行行高设置为"30"，其余行为"20"；表格列宽为"10"。

⑤根据样文为表格设置边框（图6-42）。

货品编号	名称	货品类别	管理人员	第一月销售量	第二月销售量	第三月销售量	总销量
			超市销售表				
321001	金龙鱼食用油	粮油调味	李一	1500	1800	856	¥4,156
321002	康师傅方便面	厨房用具	李一	1980	1400	500	¥3,880
321003	灯	小五金	张洋	1150	1800	1523	¥4,473
321004	插头插座	小五金	张洋	2800	1700	500	¥5,000
321005	地垫	清洁家居用品	李一	1150	1800	500	¥3,450
321008	农夫山泉	酒水饮料	王超	1150	1400	1300	¥3,850
321009	小米	杂粮干货	马超	1080	1750	1699	¥4,529
321010	大米	杂粮干货	马超	1320	1800	500	¥3,620
321011	台布	清洁家居用品	李一	1700	1800	258	¥3,758
321012	电磁炉	厨房用具	刘言	2700	1700	600	¥5,000
321013	剪刀	小五金	朱文	1350	1400	123	¥2,673
平均销售量				1607.27	1668.18	759.91	4035.36
最高销售量				2800	1800	1699	5000
最低销售量				1080	1400	123	2673

图6-42　样文1

2.制作培训成绩统计表

（1）打开素材文件夹中的"Excel-2.xlsx"文件，另存至"Excel"文件夹，名字改为"ks-2.xlsx"。

（2）在"Sheet1"工作表中进行如下操作。

①自动填充"编号"列。

②利用公式或函数计算出"总成绩""平均成绩""总人数"。

③将标题行单元格合并居中，字体为"宋体，18号，加粗"，深蓝；将B3:K4部分单

元格合并居中，单元格样式为"水绿色，强调文字颜色5"；B5:K15单元格样式为"水绿色，强调文字颜色5，淡色40%；所有文本水平垂直居中。

④将表格标题行行高设置为"30"，其余行设置为"17"；自动调整列宽。

⑤将"平均成绩"保留1位小数，平均成绩最低的3人设置为"深红色"文字。

⑥按样文为表格设置边框（图6-43）。

编号	员工姓名	性别	培训课程					总成绩	平均成绩
			研修计划	微能力	学情分析	微课能力	个人总结		
001	黄辰辰	男	89	78	92	78	69	406	81.2
002	陈曦	女	90	82	85	73	70	400	80.0
003	范飞	男	76	75	87	82	80	400	80.0
004	苏珊	女	80	73	67	80	80	380	76.0
005	彭于	男	72	86	78	90	83	409	81.8
006	程小雅	女	86	78	76	83	80	403	80.6
007	方雯	女	83	86	90	72	82	413	82.6
008	谢文	男	70	69	65	70	70	344	68.8
009	沈煜	男	85	90	78	71	90	414	82.8
010	程宸	男	76	78	87	78	82	401	80.2
011	薛书	女	66	73	67	70	74	350	70.0
总人数	11								

阳光学校新进人员培训成绩统计表

图6-43 样文2

（3）将Sheet1工作表数据复制到Sheet 2工作表并重命名为"微能力成果前三"。

（4）在"微能力成果前三"工作表中，筛选出"微课能力"前三名的数据，并按"平均成绩"降序排列（图6-44）。

阳光学校新进人员培训成绩统计表

编号	员工姓名	性别	培训课程					总成绩	平均成绩
			研修计▼	微能▼	学情分▼	微课能▼	个人总▼		
005	彭于	男	72	86	78	90	83	409	81.8
006	程小雅	女	86	78	76	83	80	403	80.6
003	范飞	男	76	75	87	82	80	400	80.0

图6-44 样文3

（5）利用Sheet1工作中数据，创建"带数据标记的折线图"，添加"细微效果-紫色，强调颜色4"，保存在Chart1工作表中（图6-45）。

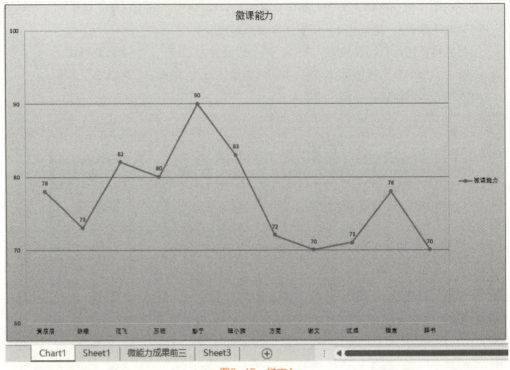

图6-45　样文4

考级实战

小李是某校教务处的工作人员，为更好地掌握各个教学班级学习的整体情况，教务处领导要求她制作成绩分析表。请根据考生文件夹下"素材.xlsx"文件，帮助小李完成学生期末成绩分析表的制作。具体要求如下：

①将"素材.xlsx"另存为"成绩分析.xlsx"的文件，所有的操作基于此新保存的文件。

②在"法一""法二""法三""法四"工作表中表格内容的右侧，分别按序插入"总分""平均分""班内排名"列；并在这4个工作表表格内容的最下面增加"平均分"行。所有列的对齐方式设为居中，其中"班内排名"列数值格式为整数，其他成绩统计列的数值均保留1位小数。

③为"法一""法二""法三""法四"工作表内容套用"表样式中等深浅9"的表格格式，并设置表包含标题。

④在"法一""法二""法三""法四"工作表中，利用公式分别计算"总分""平均分""班内排名"列的值和最后一行"平均分"的值。对学生成绩不及格（低于60分）的单元格突出显示为"黄填充色深黄色文本"格式（图6-46—图6-49）。

⑤在"总体情况表"工作表中，更改工作表标签为红色，并将工作表内容套用"表样式中等深浅10"的表格格式，设置表包含标题；将所有列的对齐方式设为居中；并设置"排名"列数值格式为整数，其他成绩列的数值格式保留1位小数。

2012级法律专业一班期末成绩单

学号	姓名	英语	体育	计算机	近代史	法制史	刑法	民法	法律英语	立法法	总分	平均分	班内排名
1201001	潘志阳	76.1	82.8	76.5	75.8	87.9	76.8	79.7	83.9	88.9	728.4	80.9	20
1201002	蒋文奇	58.5	88.7	78.6	69.6	93.6	87.3	82.5	81.5	89.1	729.4	81.0	19
1201003	苗超鹏	72.9	89.9	83.5	73.1	88.3	77.4	82.5	87.4	83.3	743.3	82.6	15
1201004	阮军胜	81	89.3	73	71	89.3	79.6	87.4	90	86.6	747.2	83.0	14
1201005	邢亮磊	78.5	95.6	66.5	57.4	84.6	77.1	81.1	83.6	88.6	713	79.2	23
1201006	王圣斌	76.8	89.6	78.6	80.1	83.6	81.8	79.7	83.2	87.2	740.6	82.3	16
1201007	熊宝亮	82.7	88.2	80	80.8	93.2	84.5	82.5	82.1	88.5	762.5	84.7	11
1201008	翁建民	80	80.1	77.2	74.4	91.6	70.1	82.5	84.4	90.6	730.9	81.2	18
1201009	张志权	76.6	88.7	72.3	71.6	86.6	71.8	80.4	76.5	90.3	713.8	79.3	22
1201010	李帅帅	82	80	68	80	82.6	78.8	75.5	80.9	87.6	715.4	79.5	21
1201011	王帅	67.5	70	83.5	77.2	83.6	58.4	80.4	76.5	88.5	685.6	76.2	25
1201012	乔泽宇	86.3	84.2	90.5	80.8	86.6	82.8	87.4	85.1	91.7	775.4	86.2	5
1201013	钱超群	75.4	86.2	89.1	71.7	88.6	77.1	77.6	87.8	86.4	739.9	82.2	17
1201014	陈称意	75.7	53.4	77.2	74.4	87.3	75.1	82.5	73	87.9	686.5	76.3	24
1201015	婴雅	87.6	90.6	82.1	87.2	92.6	84.1	83.2	88.6	90.7	786.7	87.4	1
1201016	王佳君	79.4	91.9	87	77.3	93.6	75.1	81.8	94.6	87.8	768.5	85.4	9
1201017	史二映	85.2	86.8	93.5	76.6	89.6	83.8	81.1	88.1	90.4	775.1	86.1	6
1201018	王晓亚	83.1	88.1	86.3	87.2	88.6	85	83.2	92.9	91.4	785.8	87.3	3
1201019	魏利娟	93	87.9	76.5	80.8	87.6	82.3	83.9	88.7	86.6	767.3	85.3	10
1201020	杨慧娟	82.8	90	80.7	80.8	83.6	83.6	86	92.2	86.4	768.8	85.4	8
1201021	刘娴娴	85.2	85	94.2	91.5	85.6	80.5	86	90.9	87.8	786.7	87.4	2
1201022	唐梦迪	89.2	86.9	78.6	83.7	87.6	80.3	86	91.2	87.4	770.9	85.7	7
1201023	鄢梦月	82.4	90.5	79.3	84.4	86.5	78.5	81.1	88.7	87.7	758.9	84.3	12
1201024	于慧霞	78.2	90.7	71	75.9	91.3	81.2	80.4	89.4	89.4	747.5	83.1	13
1201025	高琳	91.4	91.2	79.9	85.1	89.9	83.7	83.2	91.5	89.3	784.2	87.1	4
平均分		80.3	85.9	80.1	77.9	88.2	79.1	82.3	86.1	88.6	748.5	83.2	

图6-46　样文1

2012级法律专业二班期末成绩单

学号	姓名	英语	体育	计算机	近代史	法制史	刑法	民法	法律英语	立法法	总分	平均分	班内排名
1202001	朱朝阳	84.4	93.6	85.8	80	88.6	79.5	77.6	85.8	86.4	741.7	82.4	20
1202002	娄欣	87.9	90.2	92.8	87.9	91.6	90.1	90.2	83	87.6	801.3	89.0	2
1202003	李靖	88.8	87.4	83.5	75.9	84.6	80.9	82.5	85.5	88.8	757.9	84.2	14
1202004	员江涛	79.9	92	53	71	81.6	83.7	86	92.9	87.7	727.8	80.9	23
1202005	任禹豪	73.9	52.4	83.5	91.5	84.3	82.3	88.1	90	91.8	773.8	86.0	8
1202006	郭宝忠	79.2	90.4	73	76.6	86.6	75.3	79.7	85.1	87.4	733.3	81.5	22
1202007	高小冉	78.8	90.3	71.6	74.5	86.3	79.5	83.2	92.9	90.1	747.2	83.0	17
1202008	姚祥	83.7	82.2	76.5	83.7	83.6	85	80.4	76.5	87.3	738.9	82.1	21
1202009	万海望	75.4	87.7	83.5	75.9	79.2	86.8	81.8		90	745.4	82.8	18
1202010	齐昂骄	84.2	87.8	68.6	87.2	87.6	80.9	86	84.7	90.2	757.2	84.1	15
1202011	刘狠超	86.5	86.2	80.7	57.9	84.9	73.7	79.7	82.7	87.7	722	80.2	25
1202012	李蕾	79.3	89.2	84.2	87.2	89.9	85.3	78.3	88.1	90.6	772.1	85.8	9
1202013	马银丽	94.3	92.5	68.6	86.6	92.9	79.6	78.3	89.4	86.3	768.7	85.4	11
1202014	王乐乐	84.4	91.5	78.6	83.7	87.3	81.3	81.8	89.6	87.8	766	85.1	13
1202015	吉海孟	87.9	93.2	84.2	73	87.6	77.8	82.5	90.6	89.6	767.4	85.3	12
1202016	李雪燕	89.9	90.6	77.7	88.6	89.6	81.6	83.9	87.4	92.3	781.6	86.8	4
1202017	陈朴鑫	72.1	85.1	84.2	75.9	90.9	81.6	81.1	87.2	90.7	748.8	83.2	16
1202018	李嘉丽	86.2	92	89.8	89.2	88	83.9	85.6	90.4	90.3	787.3	87.5	3
1202019	张林林	71.7	87.3	78.5	81.5	85	76.1	81.1	88.9	92.1	742.7	82.5	19
1202020	张蕊	86.9	87.2	92.8	90.7	89.9	89.4	83.9	90.3	91.4	802.5	89.2	1
1202021	李一	85.2	84.8	92.7	83.7	92.9	84.3	76.2	88.3	90.8	778.9	86.5	5
1202022	黄倩	90.7	87.7	82.8	80.1	95	75.8	79	87.4	88.3	768.9	85.4	10
1202023	曹琳	73.4	83.6	78.6	77.3	87	75.2	79	84.9	88.4	727.4	80.8	24
1202024	巩晓燕	88.3	87.7	86.4	85.1	88.6	78.7	85.3	87.3	87.9	775.3	86.1	7
1202025	马亚茄	76.2	90	92.8	84.4	90.6	80.4	79	94.3	89.1	776.8	86.3	6
平均分		83.0	88.6	80.2	80.9	87.9	81.3	81.9	87.4	89.2	760.4	84.5	

图6-47　样文2

⑥在"总体情况表"工作表B3：J6单元格区域内，计算填充各班级每门课程的平均成绩；并计算"总分""平均分""总平均分""排名"所对应单元格的值。

⑦将该文件中所有工作表的第一行根据表格内容合并为一个单元格，并改变默认的字体、字号，使其成为当前工作表的标题（图6-50）。

⑧保存"成绩分析.xlsx"文件。

2012级法律专业三班期末成绩单

学号	姓名	英语	体育	计算机	近代史	法制史	刑法	民法	法律英语	立法法	总分	平均分	班内排名
1203001	李孟亚	78.3	89.6	90.5	71.6	85	75	76.9	85.1	88.4	740.4	82.3	16
1203002	张钟英	81.7	89.1	76.3	79.4	86.2	88.7	84.6	85.5	88.1	759.6	84.4	6
1203003	张盼光	82	80.2	86.3	75.2	83.1	81.8	80.4	73.4	89.3	731.7	81.3	17
1203004	刘壮	93.4	90.1	78.6	83.6	69.4	70.4	74.8	80.6	89.9	730.8	81.2	18
1203005	张林宽	69.9	89.3	91.2	87.2	86.4	81	79	81	90.3	755.3	83.9	8
1203006	王晟仕	70	85.5	68.6	66	71.1	69	54	68.4	85.7	638.3	70.9	25
1203007	刘刚	85.2	86.5	76.5	75.2	70.4	77.6	75.5	79.5	88.3	714.7	79.4	22
1203008	丁世营	89.6	93.6	81.4	87.2	71.4	88	81.8	85	89.9	767.9	85.3	4
1203009	刘丛	85.7	49.5	65.8	76.6	70.7	81.1	79	80.6	87.6	676.6	75.2	24
1203010	彭鹏	84	80.6	76.5	75.1	71.5	69.7	83.2	87.6	88.2	716.4	79.6	21
1203011	李硕果	85.6	90	82.8	70.2	88.6	82.5	84.6	86.5	90.7	761.5	84.6	5
1203012	朱艺鑫	83.4	84.9	77.2	68.9	88.7	87.3	72	78	86.2	726.6	80.7	19
1203013	冯泽疆	87.6	93.3	86.5	85.8	95.2	81.1	80.4	87.5	92.3	769.7	85.5	3
1203014	王源源	76.9	87.9	84.2	78.7	85.5	82.5	79.7	87.3	88.6	751.3	83.5	11
1203015	任迎郅	83.1	84.8	83.5	79.4	82.8	88	83.2	83.5	88.4	756.7	84.1	7
1203016	沈秀明	75.7	88.1	78.6	87.9	71.7	89.4	57	85.9	91.1	725.4	80.6	20
1203017	梁会会	86.9	87.6	87	80.1	95.1	88	81.1	93.9	90.4	790.1	87.8	2
1203018	程亚娟	81.4	82.8	82.8	71.7	84.5	79.7	83.9	91.1	87	744.9	82.8	12
1203019	刘旭	84.8	86.3	92.8	84.4	95.1	92.9	85.3	93.2	89.8	804.6	89.4	1
1203020	张晓平	82.8	84.8	79.3	72.4	81.4	79	81.8	92.9	88.5	742.9	82.5	15
1203021	王浩	77.2	89.5	80.3	73.1	82.9	76.9	79.7	87.5	91.7	744.8	82.8	13
1203022	王颖	77.2	84.8	85.6	80.1	72.5	82.1	81.1	94.3	90.4	754.7	83.9	9
1203023	路俊俊	91.4	84	78.6	83.8	72.1	86.6	79.7	81	87.6	744.8	82.8	13
1203024	王卿	82.4	88.8	68.6	88.7	86.6	82.3	83.9	90.8	91.3	753.4	83.7	10
1203025	马杰	52.2	93.2	78.4	74.8	69.5	81.4	88.1	61.9	84.3	683.8	76.0	23
平均分		81.1	85.8	80.2	77.9	80.7	81.9	78.8	84.1	89.0	739.5	82.2	

图6-48　样文3

2012级法律专业四班期末成绩单

学号	姓名	英语	体育	近代史	计算机	法制史	刑法	民法	法律英语	立法法	总分	平均分	班内排名
1204001	丁志民	73.4	83.5	73.5	79.4	72	89.4	82.5	76.5	88.5	718.7	79.9	23
1204002	郭艳超	90	83.6	94.2	73.8	86.6	86.6	87.4	92.9	92.7	787.8	87.5	2
1204003	王自豪	85.9	82.1	84.9	78.7	93	75.2	79	80.6	88.2	748.6	83.2	8
1204004	杨一帆	80.3	85.1	84.2	74.4	81.2	75	72.7	84.1	86.9	723.9	80.4	19
1204005	赵蕾	81	87	83.5	68.8	73.5	80.4	76.9	80.6	87.4	719.1	79.9	22
1204006	牛灿灿	87.6	86.3	81.4	71.7	85	82.5	86	80.9	86.3	747.7	83.1	9
1204007	陈辰	79.7	94.8	92.7	85.1	94.4	88.7	84.6	91.1	91.7	802.8	89.2	1
1204008	陈亚杰	73.4	90	80.7	73.1	84.9	81.8	79	85.5	86.3	734.7	81.6	15
1204009	张万春	83.5	84.5	73.5	78.7	84.8	88.7	80.4	92.9	89.4	756.4	84.0	5
1204010	胡长城	69.1	88.5	85.6	71.7	84.5	75	59	82.7	87.9	704	78.2	25
1204011	叶自力	84.8	51.8	91.4	73.7	84.9	86.6	79.7	84.1	85.9	722.9	80.3	20
1204012	杨伟	78.2	75.1	77.2	80.1	84.4	81.8	83.2	84.5	89.6	734.1	81.6	16
1204013	刘妍玮	84.1	76	76.5	77.3	79.4	75	79.7	87.4	90.1	725.5	80.6	18
1204014	刘亚萍	89	85.5	68.6	75.2	80.7	84.5	79	86	86.9	735.4	81.7	17
1204015	远晴晴	83.8	94.2	76.8	82.9	81.5	94.3	87.4	89	89.4	781.1	86.8	3
1204016	郭晓娟	86.6	84	66.5	77.3	82.3	84.5	80.4	86	88.4	736	81.8	12
1204017	周克乐	77.8	84.4	79.3	78	81.5	85.9	82.5	90.8	90.3	750.5	83.4	7
1204018	王臻臻	87	87.1	66.5	76.5	80.7	84.5	79	86.7	87.1	735	81.7	14
1204019	张瑞琪	81.4	83	84.2	83.6	72.8	77.6	79	88.8	88.4	738.8	82.1	11
1204020	王航	84.2	87.5	84.2	78.7	71.4	75.4	76.9	86	89.3	733.6	81.5	17
1204021	周乐乐	84.9	87.1	76.3	85.1	72.1	83.2	83.2	90.2	90.1	752.2	83.6	6
1204022	张会芳	74.3	84.4	82.8	78.7	80.7	75.2	58	87.4	91.7	713.2	79.2	24
1204023	田宁	80.4	90.9	69.3	72.4	81.4	75	78.3	85.6	87.7	721	80.1	21
1204024	向红丽	83.8	87.5	72.1	78.8	77.7	85.2	82.5	84.8	91.7	744.1	82.7	10
1204025	李佳旭	89.3	77.4	73.5	75.9	94.4	88	83.2	88.8	86.3	756.8	84.1	4
平均分		82.1	84.1	79.2	77.2	81.8	82.4	79.2	86.2	88.8	741.0	82.3	

图6-49　样文4

2012级法律专业班级期末成绩总体情况表

班级	英语	体育	计算机	近代史	法制史	刑法	民法	法律英语	立法法	总分	平均分	排名
法一	80.3	85.9	80.1	77.9	88.2	79.1	82.3	86.1	88.6	748.5	83.2	2
法二	83.0	88.6	80.2	80.9	87.9	81.3	81.9	87.4	89.2	760.4	84.5	1
法三	81.1	85.8	80.2	77.9	80.7	81.9	78.8	84.1	89.0	739.5	82.2	4
法四	82.1	84.1	79.2	77.2	81.8	82.4	79.2	86.2	88.8	741.0	82.3	3
总平均分	81.6	86.1	79.9	78.5	84.7	81.2	80.6	85.9	88.9	747.3	83.0	

图6-50　样文5

习题演练

一、填空题

1.表示绝对引用的符号是_____。

2.要在单元格中显示分数"1/2"，应输入_____。

3.单元格地址的引用分为_____、_____、_____。

4.若在某个单元格内输入5除以7的计算结果，可输入_____。

5.在输入公式时，所有的符号都要使用_____状态下的符号。

二、选择题

1.在Excel 2021中有关"另存为"命令选择的保存位置，下面说法正确的是（　　　）。

　　A.只可以保存在驱动器根目录下

　　B.只可以保存在文件夹下

　　C.既可以保存在驱动器根目录下又可以保存在文件夹下

　　D.既不可以保存在驱动器根目录下又不可以保存文件夹下

2.Excel 2021 表格中使用"保存"命令得到的文件格式是（　　　）。

　　A..wav　　　　　B..xlsx　　　　　C..docx　　　　　D..pptx

3.编辑栏中的公式栏中显示的是（　　　）。

　　A.删除的数据　　B.当前单元格的数据　C.被复制的数据　　D.没有显示

4.函数AVERAGE（）的功能是（　　　）。

　　A.求和　　　　　B.求平均值　　　　C.排名　　　　　D.计数

5.函数MAX（）的功能是（　　　）。

　　A.求最大值　　　B.求最小值　　　　C.计数　　　　　D.条件

学习评价

项目名称			日期		
班级			姓名		
任务内容	评价内容		是否完成	遇到的问题、难点	解决办法
制作入职培训考核成绩表	1.了解数据处理和数据清理的基本概念； 2.掌握数据清理的常用方法。				
	1.会使用删除重复值、分列、补全缺失值、数据验证等方法清理数据； 2.会使用公式进行简单计算。				
	引导学生确立竞争意识，形成创新素养。				

续表

任务内容	评价内容	是否完成	遇到的问题、难点	解决办法
制作考核成绩表	1.理解单元格地址的引用； 2.掌握公式和函数的组成及使用方法。			
	会使用公式、函数等进行数据运算。			
	引导学生养成学以致用的良好素养。			
制作成绩查询小系统	掌握查找与统计类函数的使用方法。			
	会使用函数进行统计分析、查询。			
	引导学生形成多种方法解决问题的匠心精神。			

项目七
制作公司销售报表

Excel不仅提供了强大的计算功能，还提供了强大的数据分析管理和可视化功能。使用Excel提供的排序、筛选、分类汇总、数据透视表等功能，可以方便全面地管理分析数据。使用数据图表可以更加直观、生动地表现数据。图表比数据表更易于表达数据之间的关系及数据变化的趋势。在Excel中建立的数据库称为数据清单，可以通过创建一个数据清单来管理数据，再使用数据图表来可视化表达数据的内容及数据间的关系。

在本项目中，我们主要学习数据清单的概念，数据管理，数据排序、筛选、分类汇总、数据透视表和数据图表的操作方法等知识。

学习目标

知识目标：1.了解数据清单的基本概念。

2.了解数据管理的主要内容。

3.掌握数据的排序、筛选和分类汇总的使用方法。

4.掌握数据透视表的使用方法。

5.掌握数据图表的制作方法。

技能目标：1.会使用排序、分类汇总对数据进行分析管理。

2.会使用筛选对数据进行查询管理。

3.会使用数据透视表对数据进行快速汇总和分析。

4.会使用数据图表直观、形象地表达数据内容及数据之间的关系。

思政目标：1.引导学生树立正确的产品意识观和消费观。

2.引导学生树立文化自信、民族荣誉感。

3.培养学生良好的审美素养。

相关知识

1.数据清单

数据清单是指工作表中包含相关数据的一系列数据行，可以理解成工作表中的一张二维表格，例如在前面建立的新员工信息统计表、新员工考核成绩表等。

在执行数据库操作，如排序、筛选或分类汇总时，Excel会自动将数据清单视为数据库，并使用下列数据清单元素来组织数据。

数据清单中的列是数据库中的字段。

数据清单中的列标题是数据库中的字段名称。

数据清单中的每一行对应数据库中的一条记录。

数据清单应尽量满足下列条件：

①每一列必须要有列名，而且每一列中的数据必须是相同的数据类型。

②避免在一个工作表中有多个数据清单。

③数据清单与其他数据间至少留出一个空白列和一个空白行。

2.数据管理

数据管理主要是指对表格数据的排列顺序、显示内容和统计汇总的管理，以方便表格使用者更好地阅读数据信息。数据管理的主要内容包含对数据进行排序、分类汇总、筛选、建立数据透视表等操作。

3.排序

建立数据清单时，各记录按照输入的先后次序排列，这时要从清单中查找需要的信息就很不方便。排序就是以某一列的大小为顺序，对所有的记录在数据清单中的显示位置进行重新排列。

排序一般分为升序和降序两种，升序是数据按从小到大的顺序排列，降序则是数据按从大到小的顺序排列，也可以自定义序列进行排序，空格总是排在最后。

4.分类汇总

分类汇总是按分类关键字段对数据进行各种统计和分析，以实现对表中数据的各种统计和计算。分类汇总前要先对分类数据进行排序。分类汇总分为简单分类汇总和嵌套分类汇总。

5.筛选

数据筛选是使数据清单中只显示满足指定条件的数据记录，而将不满足条件的数据记录在视图中隐藏起来。数据筛选分为自动筛选和高级筛选。

6.数据透视表

Excel数据透视表是数据汇总、优化数据显示和数据处理的强大工具。可使用数据透视表汇总、分析、浏览和呈现汇总数据。

7.数据图表

Excel中的数据图表是一种重要的数据可视化表达工具。数据图表是指通过图形化的表示方式，对数据内容进行直观表现，其目的是能够简单明了地展示数据的含义，快速表达绘制者的观点，方便用户理解数据所蕴含的差异和趋势等内在特征。

任务一

制作产品销售报表

任务引入

小王在处理销售部交上来的表格时，发现里面数据项目太多太杂，显得不清楚，如图7-1所示。他决定用Excel提供的排序、分类汇总等功能对表中数据进行整理。

品牌	产品名称	CPU型号	内存容量	屏幕尺寸	一季度销售量	二季度销售量	三季度销售量	四季度销售量
OPPO	OPPO Reno8	天玑1300	8GB	6.43英寸	3451	5123	5003	3876
VIVO	VIVO X70Pr0+	骁龙888+	12GB	6.78英寸	1589	2874	3189	3781
华为	华为nova 10 pro	骁龙778G	8CB	6.78英寸	2356	3541	4012	2874
华为	华为mate X2	麒麟9000	8GB	8英寸	1685	3817	2876	3801
华为	华为p50e	骁龙778G	8GB	6.5英寸	2750	1578	2143	3256
荣耀	荣耀Magic4	骁龙8Gen1	8GB	6.81英寸	5632	2468	2684	2763
荣耀	荣耀X30	骁龙600	8GB	6.81英寸	2210	4152	2564	3742
小米	小米 12S	骁龙8+Gen1	8GB	6.28英寸	2105	3210	3687	4512
小米	小米12X	骁龙870	12GB	6.28英寸	2417	3540	2907	3098
华为	华为 MateXs 2	骁龙888	12GB	7.8英寸	3100	3215	2415	2756
小米	Redmi K40S	骁龙870	12GB	6.67英寸	2875	2986	2013	3204
荣耀	荣耀70	骁龙778G	12GB	6.67英寸	1456	2503	2501	3012
VIVO	IVO IQOO Neo6 S	骁龙870	12GB	6.62英寸	4703	3507	2001	3241
华为	华为Material0RS	麒麟9000	12GB	6.76英寸	3274	2891	1893	2365
小米	小米12	骁龙8 Gen 1	12GB	6.28英寸	4572	3562	4570	3654
荣耀	荣耀 60SE	天玑900	12GB	6.67英寸	3250	5140	5430	7563
OPPO	OPPO A55s	天玑700	8GB	6.5英寸	4560	5102	3256	4540
荣耀	荣耀50 SE	天玑900	12GB	6.78英寸	3589	3765	3201	3874
VIVO	VIVO X80	天玑9000	12GB	6.78英寸	2854	5420	5321	5400
小米	小米12S Ultra	骁龙8+Gen1	12GB	6.73英寸	3765	3986	4012	4560
华为	华为P50pocket	高通骁龙888	8GB	6.9英寸	4890	4023	3576	3800
OPPO	OPPO A96	骁龙600	8GB	6.43英寸	2578	2561	2351	2054

图7-1 销售报表

 **任务清单**

任务名称	制作产品销售报表				
班级		姓名		日期	
环境需求	完成本任务所需信息工具有哪些？				
活动名称	活动内容及要求				
课前活动	收集部分产品销售报表，观察其内容组成。				
课中活动	1.观察表7-1，你觉得表中哪些数据需要整理一下？ 2.思考排序的方法有哪些？怎样自定义排序？ 3.思考分类汇总的关键步骤在哪儿？ 4.尝试采用排序、分类汇总等方法整理表中数据，制作销售报表。				
课后活动	1.尝试根据不同要求整理数据，制作销售报表。 2.探究排序中的自定义序列如何制作。 3.尝试为表格制作嵌套的分类汇总。				

任务知识

1.排序

排序是指将表格中的数据以某个项目或多个项目为标准，按一定的次序进行从大到小或从小到大的排列。

Excel 中的排序可以分为升序、降序和自定义排序。升序和降序是以光标所在单元格的那一列的大小为顺序对所有的记录进行排序。自定义排序则需要选择排序的"主要关键字""排序依据"和"次序"等，可以设置多个关键字进行多条件排序。

排序依据包含单元格值、单元格颜色、字体颜色和条件格式图标等。

次序包含升序、降序和自定义序列等。

按升序排序时，数字从最小的负数到最大的正数进行排序，文本则按各种符号、0~9、A~Z（不区分大小写）、汉字的次序排序。空白单元格始终排在最后。

按降序排序时，除了空白单元格总是在最后外，其他的排序次序与升序相反。

排序时正确选择数据区域非常重要。一般对指定列进行排序，只需要单击该列中任一单元格；对多列数据进行排序，只需单击数据清单中任一单元格。

总之，无论怎么排序，每一条记录的内容都不会改变，改变的只是它在数据清单中显示的位置。

2.分类汇总

分类汇总是指对工作表中的某一项数据进行分类，再对类相同的数据进行汇总计算。在分类汇总之前要先进行排序，一般排序的主关键字就是分类的关键字。

分类就是将某个字段中具有相同关键字的记录集中在一起，汇总就是将指定数值字段中"类"相同的记录进行汇总。

分类汇总可以进行嵌套使用。在嵌套分类汇总时，当完成第一次分类汇总后进行第二次分类汇总时，要取消选中"替换当前分类汇总"复选框。

 任务实施

制作产品销量报表

步骤1：打开工作簿"销售报表"，鼠标单击"一季度销售量"所在单元格，单击"编辑"面板中的"数据和筛选"→"升序"，可对一季度销售量进行升序排列，如图7-2所示。

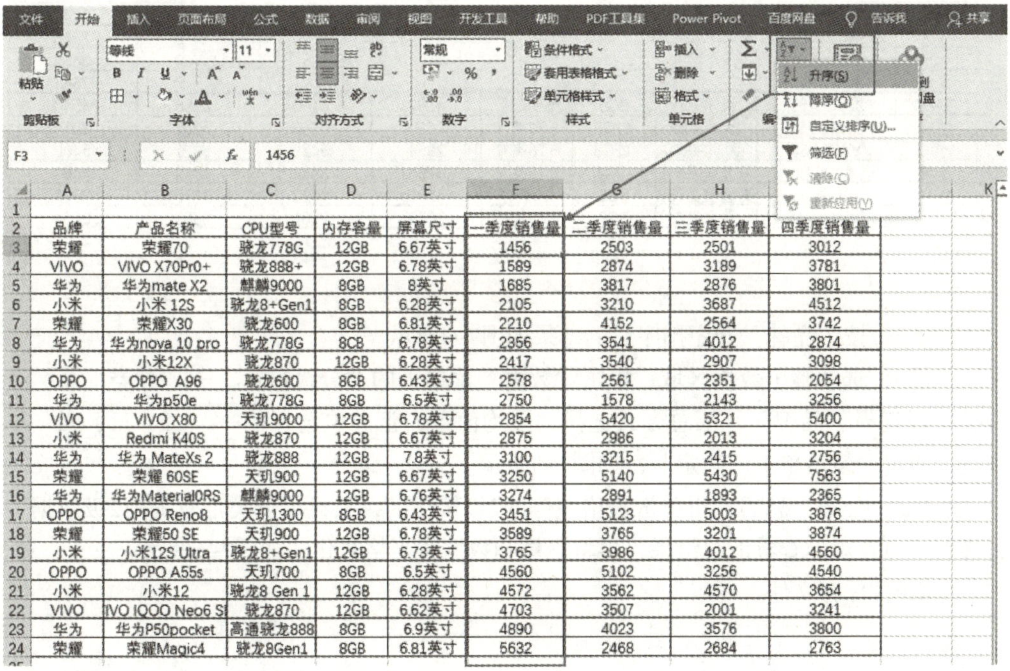

微 课

图7-2　简单排序

温馨提示：

　　　使用"开始"菜单里中"编辑"面板下的"数据和筛选"里的升序或降序，可以对任何一列进行简单排序。自定义排序不仅可以在"排序"对话框中设置排序的主要关键字、排序依据和次序等，还可以增加排序条件，或设置排序次序为"自定义序列"。在"数据"菜单下也可以打开"排序"对话框。

　　步骤2：单击"品牌"所在单元格，单击"数据"菜单→"排序"，在"排序"对话框中选择主要关键字为"品牌"，排序依据为"单元格数值"，次序选择"升序"，可进行自定义排序，如图7-3所示。

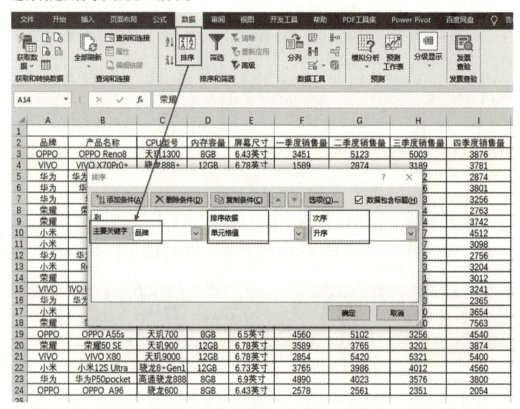

图7-3　自定义排序

　　步骤3：按"品牌"升序排序后的结果如图7-4所示。

　　步骤4：选中整个数据区域，单击"数据"菜单下的"分级显示"→"分类汇总"，分类字段选择"品牌"，汇总方式选择"平均值"，汇总项选择"一、二、三、四"季度的销售量，最后单击"确定"，如图7-5所示。

　　步骤5：分类汇总后，再单击表格左侧的2级按钮□，只显示分类汇总的前2级数据，这样就能更直观地查看汇总结果，再将表格和数据适当格式化，如图7-6所示。

　　步骤6：保存文件。

品牌	产品名称	CPU型号	内存容量	屏幕尺寸	一季度销售量	二季度销售量	三季度销售量	四季度销售量
OPPO	OPPO A96	骁龙600	8GB	6.43英寸	2578	2561	2351	2054
OPPO	OPPO A55s	天玑700	8GB	6.5英寸	4560	5102	3256	4540
OPPO	OPPO Reno8	天玑1300	8GB	6.43英寸	3451	5123	5003	3876
VIVO	VIVO X70Pr0+	骁龙888+	12GB	6.78英寸	1589	2874	3189	3781
VIVO	VIVO X80	天玑9000	12GB	6.78英寸	2854	5420	5321	5400
VIVO	VIVO IQOO Neo6 S	骁龙870	12GB	6.62英寸	4703	3507	2001	3241
华为	华为mate X2	麒麟9000	8GB	8英寸	1685	3817	2876	3801
华为	华为nova 10 pro	骁龙778G	8CB	6.78英寸	2356	3541	4012	2874
华为	华为p50e	骁龙778G	8GB	6.5英寸	2750	1578	2143	3256
华为	华为 MateXs 2	骁龙888	12GB	7.8英寸	3100	3215	2415	2756
华为	华为Material0RS	麒麟9000	12GB	6.76英寸	3274	2891	1893	2365
华为	华为P50pocket	高通骁龙888	8GB	6.9英寸	4890	4023	3576	3800
荣耀	荣耀70	骁龙778G	12GB	6.67英寸	1456	2503	2501	3012
荣耀	荣耀X30	骁龙600	8GB	6.81英寸	2210	4152	2564	3742
荣耀	荣耀 60SE	天玑900	12GB	6.67英寸	3250	5140	5430	7563
荣耀	荣耀50 SE	天玑900	12GB	6.78英寸	3589	3765	3201	3874
荣耀	荣耀Magic4	骁龙8Gen1	8GB	6.81英寸	5632	2468	2684	2763
小米	小米 12S	骁龙8+Gen1	8GB	6.28英寸	2105	3210	3687	4512
小米	小米12X	骁龙870	12GB	6.28英寸	2417	3540	2907	3098
小米	Redmi K40S	骁龙870	12GB	6.67英寸	2875	2986	2013	3204
小米	小米12S Ultra	骁龙8+Gen1	12GB	6.73英寸	3765	3986	4012	4560
小米	小米12	骁龙8 Gen 1	12GB	6.28英寸	4572	3562	4570	3654

图7-4　排序结果

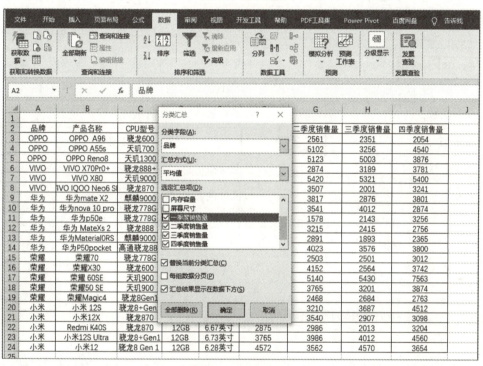

图7-5　设置分类汇总

图7-6　分类汇总结果

任务二

制作手机销售情况统计表

任务引入

小王在统计数据的过程中发现，排序和分类汇总虽然能将复杂的表格简单清晰化，但是要进一步查询表格中某一部分数据呈现的结果，则需要用到Excel的筛选功能。筛选功能可以设置不同的条件进行查询。

任务清单

任务名称	制作手机销售情况统计表				
班级		姓名		日期	
环境需求	完成本任务所需信息工具有哪些？				
活动名称	活动内容及要求				
课前活动	观察表7-1，思考如果只想查看并显示华为手机的销量结果，应该用什么方法呢？				
课中活动	1.列举筛选的方法有哪些？ 2.尝试采用筛选方法统计表中数据，制作手机销售情况统计表。 3.归纳：高级筛选的操作步骤。				
课后活动	尝试设置不同条件进行筛选，制作产品销售情况统计报表。				

🌐 任务知识

筛选

数据筛选是指对表格中的某个项目或多个项目设置条件，筛选出符合这些条件的数据，暂时隐藏不符合条件的数据。

筛选分为自动筛选和高级筛选。前者适合于简单条件，后者适合于复杂条件。

自动筛选又包含了按颜色筛选、文本筛选/数值筛选、搜索筛选和直接勾选筛选等几种。自动筛选可以实现同一字段之间的"与"运算和"或"运算，通过多次自动筛选，也可以实现不同字段之间的"与"运算，但无法实现多个字段之间的"或"运算。只有高级筛选才能完成。

高级筛选是指按条件实现同一字段之间的"与"运算和"或"运算，或实现不同字段之间的"与"运算和"或"运算，操作方法比自动筛选复杂，但使用更灵活，能更好地筛选出符合条件的数据。定义条件区域构造筛选条件是其难点。

条件的设置必须遵循以下原则：

条件区域与数据清单区域之间必须有空白行或空白列分隔开。

条件区域至少应该有两行，第一行用来放置字段名，下面的行则放置筛选条件，字段名必须与数据清单中的字段名完全一致，最好通过复制得到。

"与"关系的条件必须出现在同一行，"或"关系的条件不能出现在同一行，要错开放置。

例如，筛选出"华为手机一季度的销售量"，条件"品牌"和"一季度销售量"之间是"与"关系，要出现在同一行中，筛选结果必须同时满足这两个条件，如图7-7所示。

例如，筛选出"各季度中销售量大于5000的手机信息"，条件"各季度销售量"之间是"或"关系，不能出现在同一行中，筛选结果只要满足其中任意一个条件即可，如图7-8所示。

一季度销售量	二季度销售量	三季度销售量	四季度销售量
>5000			
	>5000		
		>5000	
			>5000

品牌	一季度销售量
华为	>3000

图7-7　高级筛选的"与"条件　　　　　图7-8　高级筛选的"或"条件

执行高级筛选后，如果没有显示筛选结果，一般有以下3个原因：一是在构造筛选条件时字段名或数据格式设置错误；二是在选择数据区域时，将数据区域混淆或选择错误；三是选择的目标数据区域大小与实际大小不符，导致无法显示完整的数据信息。

📊 任务实施

制作品牌手机销售情况表

步骤1：打开"品牌手机销售情况"工作簿，光标定位到表格中的数据区域内，单击

微 课

"数据"菜单下的"筛选"按钮，这时每个列标题的右边都出现了一个下拉按钮，然后单击"品牌"项目右侧的下拉按钮，在弹出的下拉列表中只勾选"华为"复选框，单击"确定"按钮，如图7-9所示。

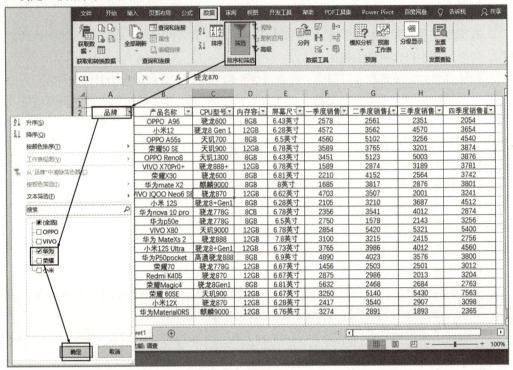

图7-9 设置筛选条件

步骤2：此时表格中将仅显示品牌为"华为"的手机销售情况，如图7-10所示。

品牌	产品名称	CPU型号	内存容量	屏幕尺寸	一季度销售	二季度销售	三季度销售	四季度销售量
华为	华为mate X2	麒麟9000	8GB	8英寸	1685	3817	2876	3801
华为	华为nova 10 pro	骁龙778G	8CB	6.78英寸	2356	3541	4012	2874
华为	华为p50e	骁龙778G	8GB	6.5英寸	2750	1578	2143	3256
华为	华为 MateXs 2	骁龙888	12GB	7.8英寸	3100	3215	2415	2756
华为	华为P50pocket	高通骁龙888	8GB	6.9英寸	4890	4023	3576	3800
华为	华为MaterialORS	麒麟9000	12GB	6.76英寸	3274	2891	1893	2365

图7-10 筛选结果

步骤3：单击"排序和筛选"组中的 清除 按钮，重新显示所有数据。然后单击"四季度销售量"项目右侧的下拉按钮，在弹出的下拉列表中选择"数字筛选"→"大于或等于"命令，单击"确定"，如图7-11所示。

步骤4：打开"自定义自动筛选"对话框，在"大于或等于"下拉列表框右侧的下拉列表框中输入"3500"，单击"确定"按钮，如图7-12所示。

步骤5：此时将显示四季度销售量大于或等于3500的品牌手机销售信息，筛选结果如图7-13所示。

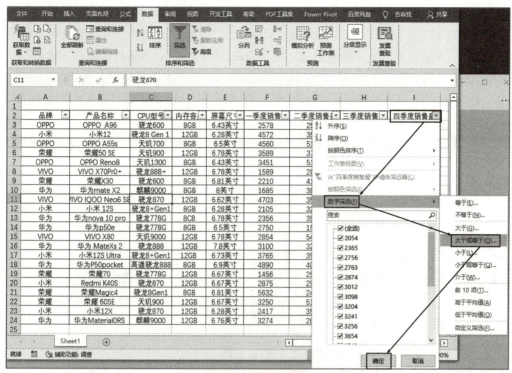

图7-11　按数字筛选

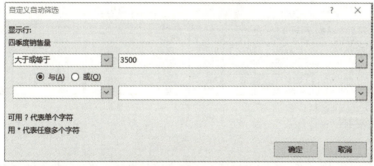

图7-12　设置自定义筛选条件

品牌	产品名称	CPU型号	内存容量	屏幕尺寸	一季度销售	二季度销售	三季度销售	四季度销售量
小米	小米12	骁龙8 Gen 1	12GB	6.28英寸	4572	3562	4570	3654
OPPO	OPPO A55s	天玑700	8GB	6.5英寸	4560	5102	3256	4540
荣耀	荣耀50 SE	天玑900	12GB	6.78英寸	3589	3765	3201	3874
OPPO	OPPO Reno8	天玑1300	8GB	6.43英寸	3451	5123	5003	3876
VIVO	VIVO X70Pr0+	骁龙888+	12GB	6.78英寸	1589	2874	3189	3781
荣耀	荣耀X30	骁龙600	8GB	6.81英寸	2210	4152	2564	3742
华为	华为mate X2	麒麟9000	8GB	8英寸	1685	3817	2876	3801
小米	小米 12S	骁龙8+Gen1	8GB	6.28英寸	2105	3210	3687	4512
VIVO	VIVO X80	天玑9000	12GB	6.78英寸	2854	5420	5321	5400
小米	小米12S Ultra	骁龙8+Gen1	12GB	6.73英寸	3765	3986	4012	4560
华为	华为P50pocket	高通骁龙888	8GB	6.9英寸	4890	4023	3576	3800
荣耀	荣耀 60SE	天玑900	12GB	6.67英寸	3250	5140	5430	7563

图7-13　筛选结果

步骤6：再次单击"排序和筛选"组中的清除按钮重新显示所有数据。

步骤7：单击"高级"按钮，弹出"高级筛选"对话框，选择"在原有区域显示筛选结果"，列表区域处，系统自动选中整个表格的数据区域，在条件区域处，将光标定位在A26单元格，输入"品牌"，在B26单元格输入"一季度销售量"，在A27单元格输入"小米"，在B27单元格输入">=3000"，然后选中A26：B27单元格区域作为条件区域，单击"确定"，如图7-14所示。

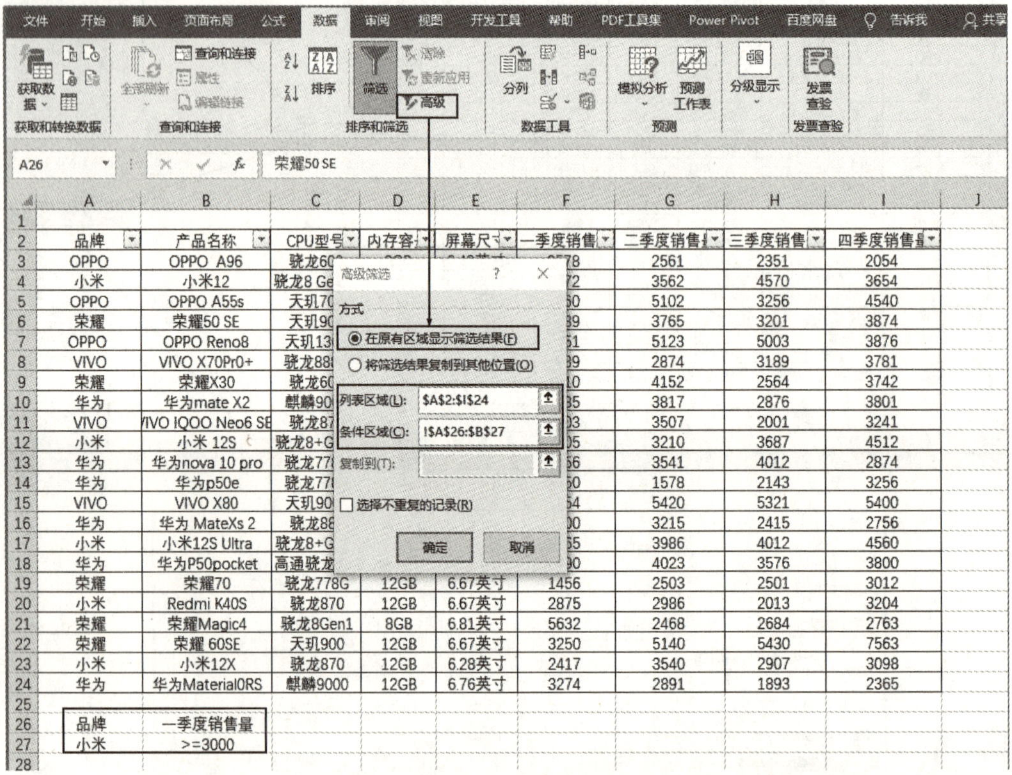

图7-14　设置高级筛选条件及区域

步骤8：此时将显示"一季度销售量大于或等于3000的小米手机"信息，筛选结果如图7-15所示。

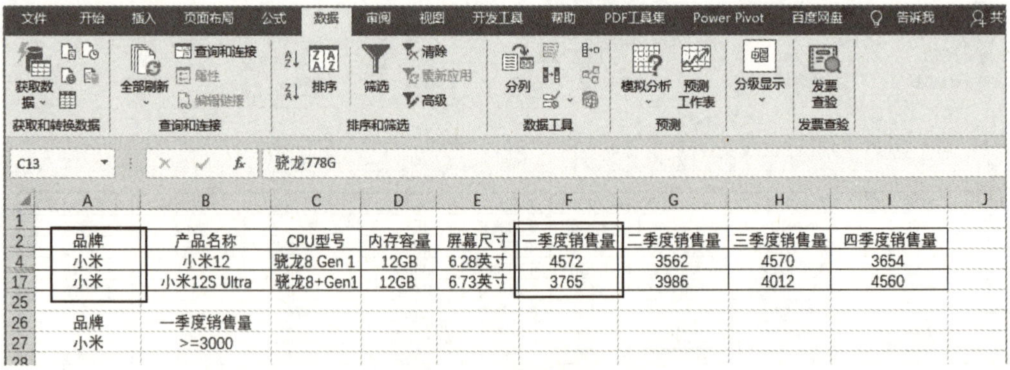

图7-15　高级筛选结果

温馨提示：

高级筛选可以对多个项目同时设置条件进行筛选。设置条件时，条件区域的项目名称要和表格的列标题相一致，可采用复制的方法将表格相关列标题复制粘贴到相应的条件区域。多个条件之间是"与关系"时，条件内容放在同一行的不同单元格，多个条件是"或关系"时，条件内容放在不同行的不同单元格中。筛选方式可以设置为"将筛选结果复制到其他位置"，要指定筛选结果复制到的单元格区域，如图7-16所示。条件区域和筛选结果如图7-17所示。

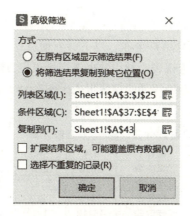

图7-16 高级筛选设置对话框

品牌	一季度销售量
小米	>=3000

品牌	一季度销售量	二季度销售量	三季度销售量	四季度销售量
小米	>=3000	>=3000	>=3000	>=3000

表示筛选四个季度销售量都要大于等于3000的小米手机

品牌	产品名称	CPU型号	内存容量	屏幕尺寸	一季度销售量	二季度销售量	三季度销售量	四季度销售量	总计
小米	小米12	骁龙8 Gen 1	12GB	6.28英寸	4572	3562	4570	3654	16358
小米	小米12S Ultra	骁龙8+Gen1	12GB	6.73英寸	3765	3986	4012	4560	16323

品牌	一季度销售量	二季度销售量	三季度销售量	四季度销售量
小米	>=3000			
小米		>=3000		
小米			>=3000	
小米				>=3000

表示筛选四个季度销售量中只要有一个季度大于等于3000的小米手机

品牌	产品名称	CPU型号	内存容量	屏幕尺寸	一季度销售量	二季度销售量	三季度销售量	四季度销售量	总计
小米	小米 12S	骁龙8+Gen1	8GB	6.28英寸	2105	3210	3687	4512	13514
小米	小米12X	骁龙870	12GB	6.28英寸	2417	3540	2907	3098	11962
小米	Redmi K40S	骁龙870	12GB	6.67英寸	2875	2986	2013	3204	11078
小米	小米12	骁龙8 Gen 1	12GB	6.28英寸	4572	3562	4570	3654	16358
小米	小米12S Ultra	骁龙8+Gen1	12GB	6.73英寸	3765	3986	4012	4560	16323

图7-17 高级筛选不同条件的设置及筛选结果

步骤9：保存文件。

 任务三

制作品牌电器销售统计报表

任务引入

小王在前期工作中分别使用了函数、分类汇总和筛选等方式对数据进行分析和统计，但他觉得这些分析和统计不够全面，也不够方便。这时他想到了Excel中还有一个强大的分析工具，就是数据透视表，利用数据透视表可以方便全面地对数据进行分析统计。他决定使用数据透视表对销售部的销售报表（图7-18）进行更深入分析，厘清数据之间潜在的深层关系。

品牌电器第2季度成渝地区销售统计表

产品名称	商场	4月	5月	6月	合计
冰箱	红光商场	5614	5867	14613	26094
冰箱	星星百货	3210	2142	3542	8894
冰箱	汇佳超市	2478	2863	2058	7399
中央空调	汇佳电器	15110	11213	18976	45299
中央空调	永新商场	4520	3210	5630	13360
中央空调	红光商场	2300	4123	8600	15023
家用空调	星星百货	8824	9887	30375	49086
家用空调	红光商场	4126	4012	5245	13383
家用空调	汇佳超市	3201	3546	4203	10950
电风扇	物美商场	5252	8798	10715	24765
电风扇	红光商场	5120	5630	6751	17501
电风扇	汇佳超市	5230	5410	4560	15200
空气能热水器	汇佳电器	3687	3363	4133	11183
空气能热水器	星星百货	1560	1784	3521	6865
手机	物美商场	2998	5451	20231	28680
手机	红光商场	4589	5632	4201	14422
手机	汇佳电器	4563	5634	6352	16549
洗衣机	星星百货	6597	5429	6518	18544

图7-18　销售统计表

任务清单

任务名称	制作品牌电器销售统计报表				
班级		姓名		日期	
环境需求	完成本任务所需信息工具有哪些？				

续表

活动名称	活动内容及要求
课前活动	观察图7-18的表格,思考如果想查看各品牌电器在各商场中的销量结果,应该用什么方法呢?
课中活动	1.思考创建数据透视表的步骤是怎样的? 2.尝试采用数据透视表分析统计表中的数据。
课后活动	尝试设置不同条件创建数据透视表进行分析数据。

任务知识

1.数据分析

数据分析是指用适当的统计分析方法对收集来的大量数据进行分析,将它们加以汇总和理解并消化,以求最大化地开发数据的功能,发挥数据的作用。数据分析是为了提取有用信息和形成结论而对数据加以详细研究和概括总结的过程。数据分析是数学与计算机科学相结合的产物。

2.数据透视表

数据透视表是一种可以快速汇总大量数据的交互式工作表,使用数据透视表可以对数据进行深入分析,可以方便地排列和汇总数据,可以查看详细信息。创建数据透视表后,可以按不同的需要、根据不同的关系来提取和组织数据。

3.数据透视图

数据透视图是在数据透视表的基础上,采用透视表中数据作为数据源创建的图表。它能更加直观形象地反映数据统计的特点。

任务实施

制作品牌电器销售统计报表

步骤1:打开素材文件夹中的"电器销售统计表",将Sheet 1工作表重命名为"销售记录",然后鼠标单击数据区域中的任意一个单元格。在"插入"菜单命令的"表格"

微课

组中单击"数据透视表"按钮，打开"创建数据透视表"对话框，如图7-19所示。

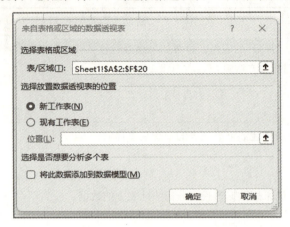

图7-19　数据透视表对话框

步骤2：在对话框中"选择放置数据透视表的位置"选项组中，选择"新工作表"单选按钮，单击"确定"按钮，创建数据透视表"Sheet 2"。

步骤3：在"数据透视表字段列表"任务窗格中进行如下布局设置：将"商场"字段拖动到"列"区域中，将"产品名称"字段拖动到"行"区域，将"合计"字段拖到"Σ值"区域中，如图7-20所示。

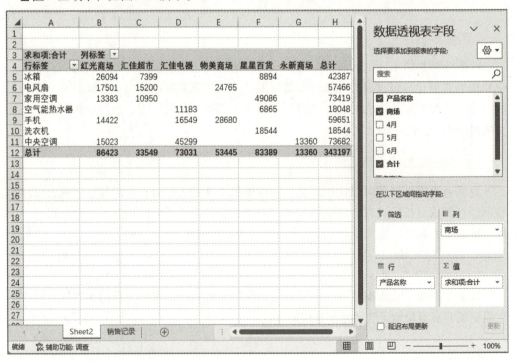

图7-20　设置透视表字段

步骤4：将数据透视表标签"Sheet2"重命名为"销售数据查询"，此时可以在透视表中清晰查询到各产品在各商场的销售汇总情况。

温馨提示：

只有将活动单元格放置在数据透视表的数据区域中，"数据透视表字段列表"任务窗格才会出现。也可单击"数据透视表分析工具"选项卡下的"字段列表"按钮，显示任务窗格。

步骤5：单击数据透视表区域中的任意一个单元格，在"数据透视表分析"选项卡的"筛选"组中单击"插入切片器"按钮，打开对话框。在该对话框中，选中"产品名称"和"商场"两个复选框，如图7-21所示，单击"确定"，这样就插入了两个切片器。

图7-21 插入切片器

步骤6：将"产品名称"和"商场"两个切片器并排显示，在"产品名称"切片器中，单击"手机"选项后，再按住"Ctrl"键不放，选中"红光商场""汇佳商场"和"物美商场"，如图7-22所示，在透视表中就会显示相应的数据，这些数据即是满足筛选条件的，此处显示的是手机在这三个商场的销量情况，如图7-23所示。

图7-22 切片器

求和项:合计	列标签			
行标签	红光商场	汇佳电器	物美商场	总计
手机	14422	16549	28680	59651
总计	14422	16549	28680	59651

图 7-23 筛选结果

温馨提示：

> 如果要清除某个筛选，在相应的切片器中单击右上角的"清除筛选器" 按钮即可，如果要删除某个切片器，在选中该切片器后按"Delete"键即可。

步骤7：再创建一个数据透视表。在"销售记录"工作表中创建新的数据透视表，并将该透视表放在现有工作表的H2单元格开始的区域，如图7-24所示。

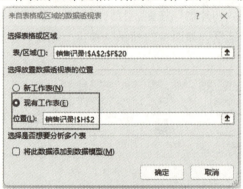

图7-24　设置透视表放置位置

步骤8：在"数据透视表字段"任务窗格中，将窗格上方的"产品名称"拖曳到"行"区域，将"4月""5月""6月"三个字段拖曳到"值"区域，便可显示各产品的各月份的销售总量，如图7-25所示。

图7-25　设置透视表字段

步骤9：此时透视表中统计的是各电器二季度每月销售总和，可以和左边的销售记录原始数据对比分析，如图7-26所示。

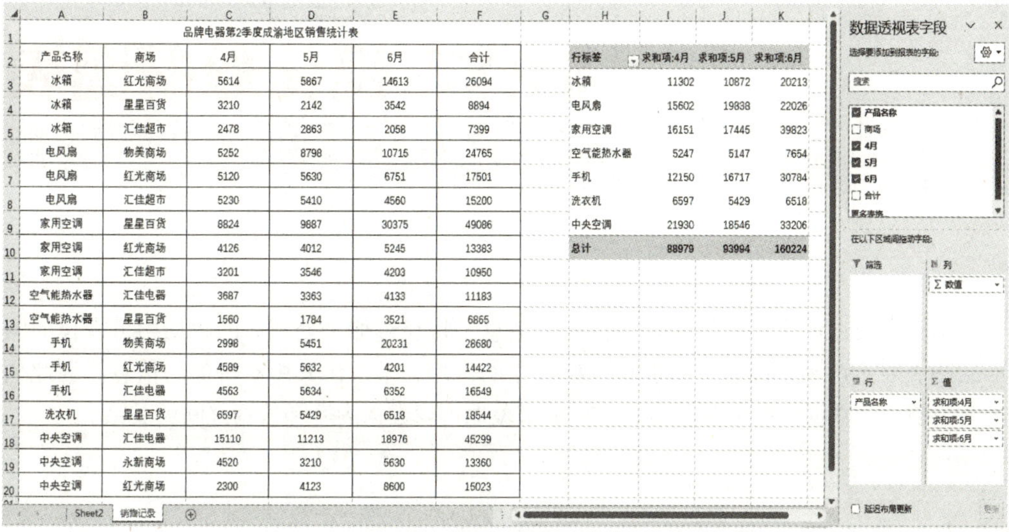

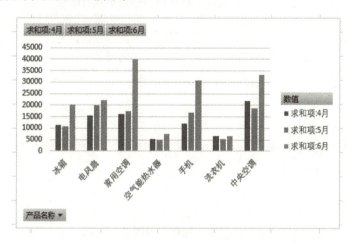

产品名称	商场	4月	5月	6月	合计		行标签	求和项:4月	求和项:5月	求和项:6月
品牌电器第2季度成渝地区销售统计表										
冰箱	红光商场	5614	5867	14613	26094		冰箱	11302	10872	20213
冰箱	星星百货	3210	2142	3542	8894		电风扇	15602	19838	22026
冰箱	汇佳超市	2478	2863	2058	7399		家用空调	16151	17445	39823
电风扇	物美商场	5252	8798	10715	24765		空气能热水器	5247	5147	7654
电风扇	红光商场	5120	5630	6751	17501		手机	12150	16717	30784
电风扇	汇佳超市	5230	5410	4560	15200		洗衣机	6597	5429	6518
家用空调	星星百货	8824	9687	30375	49086		中央空调	21930	18546	33206
家用空调	红光商场	4126	4012	5245	13383		总计	88979	93994	160224
家用空调	汇佳超市	3201	3546	4203	10950					
空气能热水器	汇佳电器	3687	3363	4133	11183					
空气能热水器	星星百货	1560	1784	3521	6865					
手机	物美商场	2998	5451	20231	28680					
手机	红光商场	4589	5632	4201	14422					
手机	汇佳电器	4563	5634	6352	16549					
洗衣机	星星百货	6597	5429	6518	18544					
中央空调	汇佳电器	15110	11213	18976	45299					
中央空调	永新商场	4520	3210	5630	13360					
中央空调	红光商场	2300	4123	8600	15023					

图7-26 对比分析

步骤10：选中数据透视表的H2：K9单元格区域，在"插入"菜单的"图表"选项组中，选择"数据透视图"，选择"二维簇状柱形图"，这样就可以更加直观地显示各电器每月销售量统计，如图7-27所示。

图7-27 数据透视图

步骤11：保存文件。

任务四

制作可视化数据图表

任务引入

　　小王发现人们更喜欢接收视觉获取的信息，将经过加工处理后的数据用可视化的图形或图表表示出来，能更大限度地发挥数据的作用，呈现出其中有价值的信息。因此他准备为前面的数据表配上各种图表，直观形象地再现数据内容和数据之间的关系。

任务清单

任务名称	制作可视化数据图表				
班级		姓名		日期	
环境需求	完成本任务所需信息工具有哪些？				
活动名称	活动内容及要求				
课前活动	收集常见的数据图表，描述它们所使用的场景。				
课中活动	1.以柱形图为例，描述创建图表的步骤。 2.思考：如果想展示各品牌手机的销售情况，应创建哪种图表比较合适，该怎么操作呢？ 3.尝试根据表格内容制作可视化数据图表。				
课后活动	1.思考哪些图表可以组合使用？ 2.尝试制作组合图表。				

任务知识

1.数据可视化

数据可视化是指将数据表中的数据以图形图像的形式表示，并利用数据分析和开发工具发现其中未知信息的处理过程。它有助于更好地理解数字需要传达的信息。

2.数据可视化分析的方法

（1）对比分析

将两个或多个有一定联系的数据指标进行比较分析，从数值上显示说明被比对象之间的差异，如图7-28所示。一般用于生产销售、成绩统计等方面。

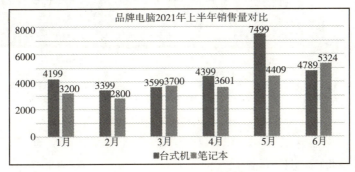

图7-28　对比分析的可视化效果

（2）趋势分析

将所分析对象按一定的维度进行长期跟踪，以显示其变化情况，寻找其中的规律，如图7-29所示。一般用于天气预报、股市行情、生长记录等方面。

（3）占比分析

将所分析对象的各项数据以百分比形式呈现，根据所占比例大小快速找到起关键作用的数据对象，如图7-30所示。一般用于地区比较、性别比较、年龄比较等。

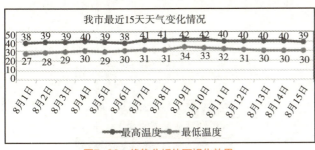

图7-29　趋势分析的可视化效果

图7-30　占比分析可视化效果

（4）分布分析

将所分析对象的各项数据以地理位置呈现，根据位置分布的不同，呈现数据之间的联系和规律，如图7-31所示。一般用于地区比较、销售比较、人口分布等。

3.Excel常用图表

在Excel中常用的图表有柱形图、折线图、饼图、条形图、面积图、散点图、地图、雷达图、树状图、直方图等，如图7-32所示。不同的分析方法选用不同的图表类型，根据实际情况而定。

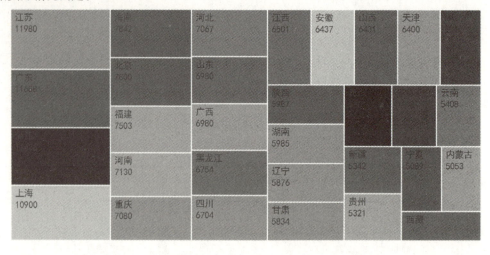

图7-31　分布分析可视化效果

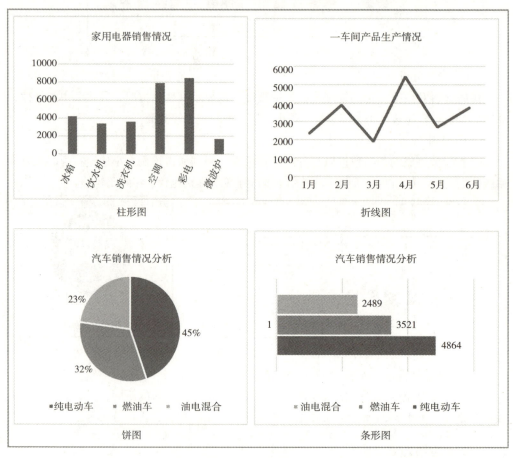

图7-32　Excel 常用图表

4.图表组成

不同的图表，其组成结果也各不相同。以二维柱形图为例，图表包括图表标题、图例、数据系列、数据标签、网格线和坐标轴等组成部分，如图7-33所示。

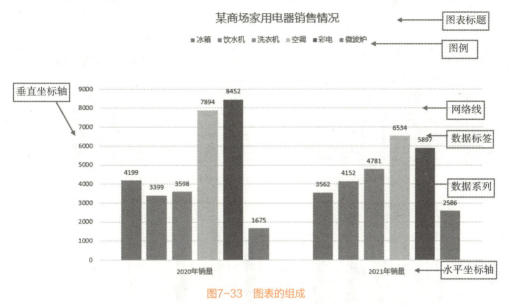

图7-33　图表的组成

5.迷你图

迷你图是Excel中的新功能，它是创建在工作表单元格中的一个微型图表，可提供数据的直观表示，如图7-34所示。

行标签	求和项:4月	求和项:5月	求和项:6月	统计迷你图
冰箱	11302	10872	20213	
电风扇	15602	19838	22026	
家用空调	16151	17445	39823	
空气能热水器	5247	5147	7654	
手机	12150	16717	30784	
洗衣机	6597	5429	6518	
中央空调	21930	18546	33206	
总计	88979	93994	160224	

图7-34　迷你图

 任务实施

制作二维簇状柱形图分析员工基本信息

步骤1：打开素材文件夹中的"综合应用图表"工作簿，在"员工基本信息"工作表中选择B2：B8单元格区域，同时再按住"Ctrl"键，选择G2：G8单元格区域，然后单击"插入"菜单下的"图表"选项组中的"二维簇状柱形图"按钮，插入一个二维簇状柱

微课

形图，如图7-35所示。

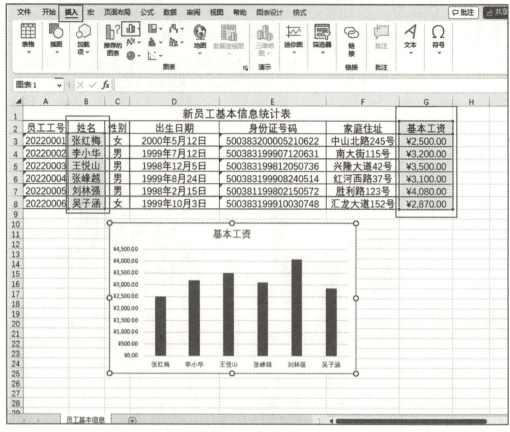

图7-35 插入图表

步骤2：在图表区，单击"图表标题"，修改图表标题为"新员工基本工资"，字体设为"黑体，18号字，蓝色"。

步骤3：在"图表设计"选项卡下，选择"添加图表元素"下的"数据标签"下的"数据标签外"，这时在图表区的每根柱形图上方会自动加上数据标签，如图7-36所示。

步骤4：鼠标单击任意一根柱形，所有柱形上都会显示控制柄，然后再次单击左边的第一根柱形，现在只有这根柱形上会显示控制柄，然后在"格式"选项卡的"形状填充"里，选择一种颜色填充，可以改变柱形的颜色。同样的方法，再单击第二根、第三根柱形，为后面的柱形修改填充色，如图7-37所示。

制作三维饼图分析手机销量

微课

步骤1：在"手机销售统计"工作表中，先分类汇总各品牌手机的总销量，效果如图7-38所示。

步骤2：在汇总表中选中A2:A29单元格区域，同时按住"Ctrl"键不放，选中J2:J29单元格区域，插入三维饼图，在"图表样式"选项组中选择"样式10"，如图7-39所示。

步骤3：选择饼图，在"图表设计"选项卡下的"添加图表元素"下的"数据标签"下，单击"其他数据标签选项"，在右侧的"设置数据标签格式框"里，取消"值"复选框，勾选"百分比"复选框和"图例项标示"，标签位置选择"数据标签外"，如图7-40所示。

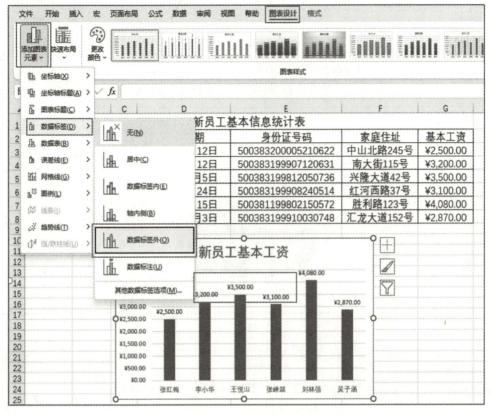

图7-36 设置数据标签

图7-37 更改图表填充色

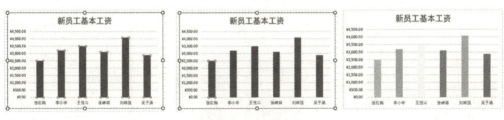

图7-38 分类汇总

步骤4：修改图表标题为"各品牌手机销量占比"，修改饼图各部分填充色，图表区域填充纹理"羊皮纸"，最后效果如图7-41所示。

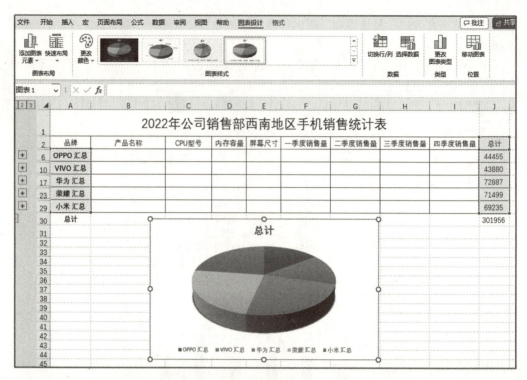

图7-39 插入饼图

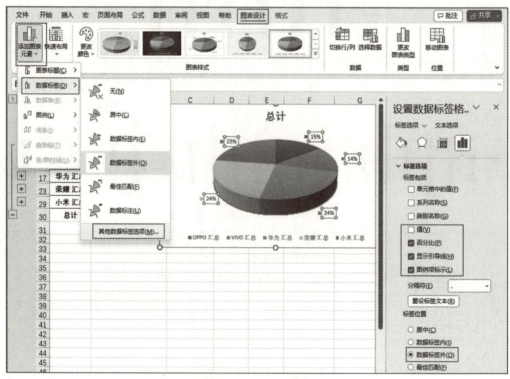

图7-40 设置数据标签

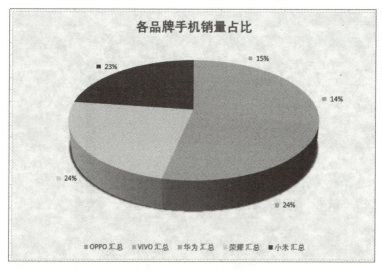

图7-41　美化后的饼图

制作两轴线—柱图分析电器销售额和毛利润

步骤1：在"电器销售统计表"中，创建数据透视表，如图7-42所示。

微　课

图7-42　创建数据透视表

步骤2：选中数据透视表的I2：K9单元格区域，在"插入"菜单下的"图表"组中单击"柱形图"按钮，选择"二维簇状柱形图"，插入柱形图，如图7-43所示。

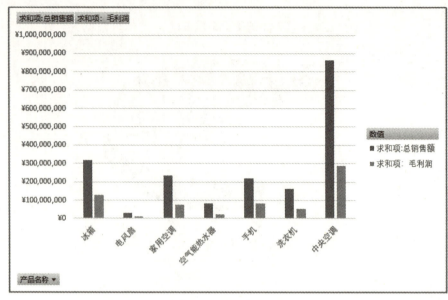

图7-43　插入柱形图

步骤3：将图表移到新工作表中。右击图表空白区域，选择"移动图表"，在打开的对话框中选择"新工作表"单选按钮，并在文本框中输入工作表名称"销售额与毛利润统计图"，如图7-44所示。

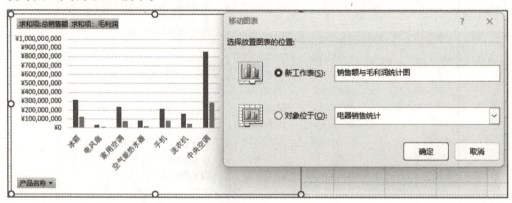

图7-44　移动图表

步骤4：将二维簇状柱形图改为两轴线—柱图。右击图表中的"毛利润"系列（橙色柱体），选择"更改系列图表类型"，打开对话框，在对话框中将"求和项：毛利润"系列的图表类型更改为"折线图"，并勾选"次坐标轴"复选框，如图7-45所示。

步骤5：添加图表标题为"销售额与毛利润统计图"。

步骤6：添加主要纵坐标标题。单击图表空白区域，在"设计"选项卡下的"添加图表元素"下的"坐标轴标题"下，选择"主要纵坐标轴"，输入文字"销售额"，并在右边的"设置坐标轴标题"框里将文字方向设置为"竖排"，如图7-46所示。

步骤7：参考步骤6，添加次坐标轴标题。

步骤8：将图表区域格式设置为"蓝色面巾纸"，如图7-47所示。

步骤9：将绘图区格式设置为"浅色渐变-个性色2"。

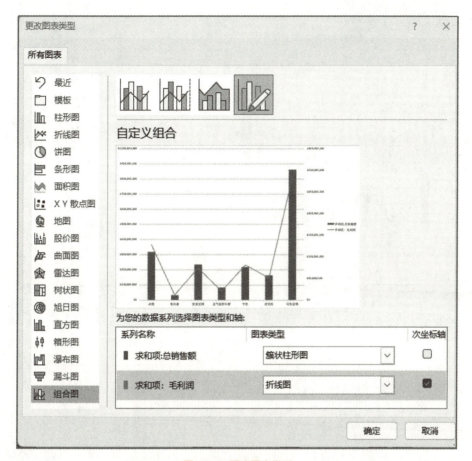

图7-45　更改图表类型

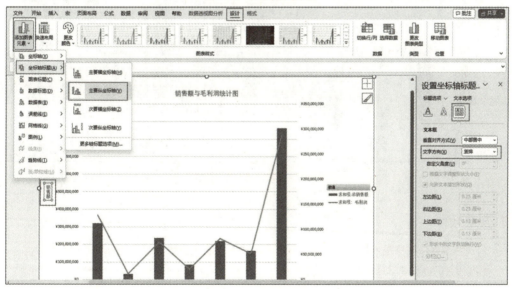

图7-46　设置纵坐标标题

步骤10：保存文件。设置完成后的"销售额与毛利润统计图"如图7-48所示。

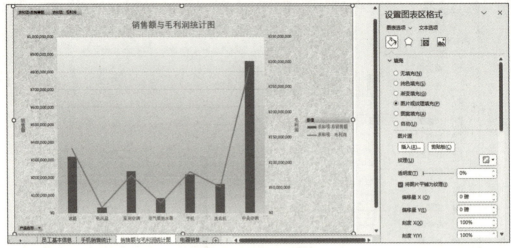

图7-47　设置图表区域格式

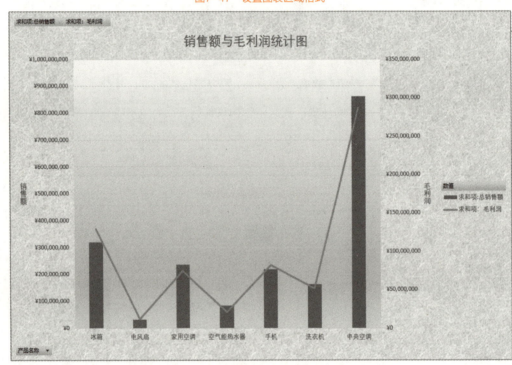

图7-48　销售额与毛利润统计图

💡 温馨提示：

　　两轴线—柱图是一种组合图表，使用两种或多种图表类型，以强调图表中含有不同类型的信息。两轴线—柱图是将一个数据系列（销售额）显示为柱形图，另一个数据系列（毛利润）显示为折线图而组成的组合图表。

直通高考

1.制作销售报表

（1）打开素材文件夹中的"Excel-1.xlsx"文件，另存至"Excel"文件夹，名字改为"ks-1.xlsx"。

（2）将Sheet1工作表重命名为"销售情况"，完成如下操作。

①删除D列；在第二行插入行，输入标题。

②利用公式或函数计算出"金额"。

③将第2行行高设置为"35"，第3至16行行高设置为"20"；表格列宽设置为"15"。

④将B2:G2单元格合并居中，字体为"仿宋，18号，加粗"；B3:G3单元格字体"仿宋，14号，加粗"；B4:G16单元格字体为"仿宋，12号"；所有文字水平垂直居中。

⑤将"数量"超过70的数据设置为"红色"文本。

⑥将B2:G16单元格填充为"蓝色，强调文字颜色1，淡色80%"；为表格设置边框（图7-49）。

销售日期	城市	产品名称	单价	数量	金额
2021/1/9	重庆	大众奶酪	21	45	945
2021/1/12	重庆	白奶酪	32	50	1600
2021/2/3	重庆	蕃茄酱	10	66	660
2021/3/2	重庆	白米	30.6	50	1530
2021/4/1	重庆	白米	30.6	120	3672
2021/4/6	重庆	白米	30.6	100	3060
2021/5/1	重庆	大众奶酪	16.8	43	722.4
2021/5/7	重庆	大众奶酪	21	30	630
2021/5/10	重庆	蛋糕	14	20	280
2021/5/17	重庆	饼干	18.8	22	413.6
2021/6/1	重庆	干贝	35	34	1190
2021/6/2	重庆	糙米	14	25	350
2021/6/5	重庆	糙米	14	30	420

物美超市1-6月销售情况表

图7-49　样文1

（3）将"销售情况"工作表中内容复制到Sheet2，Sheet3工作表；重命名为"排序"和"汇总"。

（4）在"排序"工作表中，筛选出"产品名称"为"白米""糙米"的数据，按"金额"降序排列（图7-50）。

（5）在"汇总"工作表中，完成以下操作。

①以"产品名称"为分类字段，对"金额"进行"求和"分类汇总（图7-51）。

②利用该工作表中数据，创建"三维饼图"，保存在当前工作表中（图7-52）。

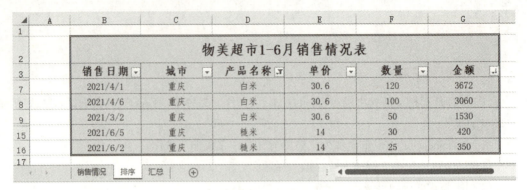

物美超市1-6月销售情况表					
销售日期	城市	产品名称	单价	数量	金额
2021/4/1	重庆	白米	30.6	120	3672
2021/4/6	重庆	白米	30.6	100	3060
2021/3/2	重庆	白米	30.6	50	1530
2021/6/5	重庆	糙米	14	30	420
2021/6/2	重庆	糙米	14	25	350

图7-50　样文2

物美超市1-6月销售情况表					
销售日期	城市	产品名称	单价	数量	金额
		白米 汇总			8262
		白奶酪 汇总			1600
		饼干 汇总			413.6
		糙米 汇总			770
		大众奶酪 汇总			2297.4
		蛋糕 汇总			280
		蕃茄酱 汇总			660
		干贝 汇总			1190
		总计			15473

图7-51　样文3

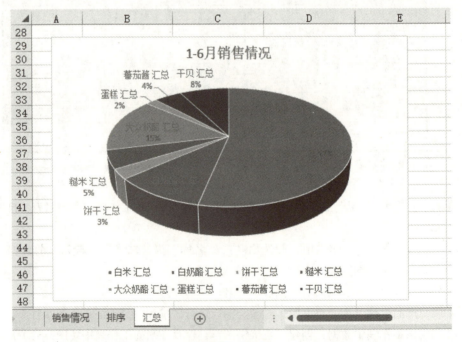

图7-52　样文5

2.制作芦荟种植情况表

（1）打开素材文件夹中的"Excel-2.xlsx"文件，另存至"Excel"文件夹，名字改为"ks-2.xlsx"。

（2）将Sheet1工作表重命名为"棠城县芦荟种植情况"；删除第9行（空行）。

（3）在"棠城县芦荟种植情况"工作表中进行如下操作。

①利用公式或函数计算出"订单数量（棵）"和"订单金额（万元）"。

②将B2：H2单元格合并居中，字体为"方正姚体，20号"，双下划线；将B3：H8单元格字体为"黑体，14号"，文字水平垂直居中；B9:H9合并垂直居中，文本右对齐，单元格样式为"计算"。

③将标题行行高为"40"，其余行行高设置为"30"；自动调列宽。

④根据样文为表格设置边框；页面设置：横向；插入页眉"此表仅供参考请以实际为准"（图7-53）。

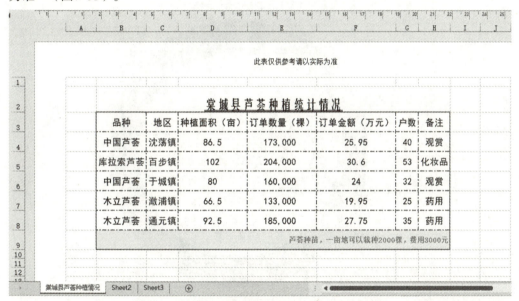

图7-53　样文1

（4）在"棠城县芦荟种植情况"工作表中建立副本并重命名为"订单汇总"；在"订单汇总"工作表中，以"品种"为分类字段，对"订单数量（棵）"和"订单金额（万元）"进行"求和"的分类汇总（图7-54）。

（5）使用"订单汇总"工作表中数据，创建"分离型圆环图"，显示数值，保存在当前工作表中（图7-55）。

棠城县芦荟种植统计情况						
品种	地区	种植面积（亩）	订单数量（棵）	订单金额（万元）	户数	备注
库拉索芦荟 汇总			204,000	30.6		
木立芦荟 汇总			318,000	47.7		
中国芦荟 汇总			333,000	49.95		
总计			855,000	128.25		
				芦荟种苗，一亩地可以栽种2000棵，费用3000元		

订单汇总　Sheet2　Sheet3　⊕

图7-54　样文3

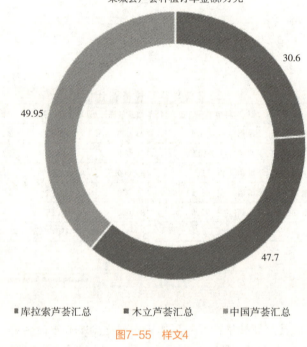

棠城县芦荟种植订单金额/万元

■库拉索芦荟汇总　■木立芦荟汇总　■中国芦荟汇总

图7-55　样文4

考级实战

小李今年毕业后在一家计算机图书销售公司担任市场部助理，主要的工作职责是为部门经理提供销售信息的分析和汇总。

请你根据销售数据报表（"Excel.xlsx"文件），按照如下要求完成统计和分析工作：

①请对"订单明细"工作表进行格式调整，通过套用表格格式的方法将所有的销售记录调整为一致的外观格式，并将"单价"列和"小计"列所包含的单元格调整为"会计专用"（人民币）数字格式。

②根据图书编号，请在"订单明细"工作表的"图书名称"列中，使用VLOOKUP函

数完成图书名称的自动填充。"图书名称"和"图书编号"的对应关系在"编号对照"工作表中。

③根据图书编号，请在"订单明细"工作表的"单价"列中，使用VLOOKUP函数完成图书单价的自动填充。"单价"和"图书编号"的对应关系在"编号对照"工作表中。

④在"订单明细"工作表的"小计"列中，计算每笔订单的销售额（图7-56）。

	A	B	C	D	E	F	G	H
1				销售订单明细表				
2	订单编号	日期	书店名称	图书编号	图书名称	单价	销量（本）	小计
3	BTW-08001	2011年1月2日	鼎盛书店	BK-83021	《计算机基础及MS Office应用》	¥ 36.00	12	¥ 432.00
4	BTW-08002	2011年1月4日	博达书店	BK-83033	《嵌入式系统开发技术》	¥ 44.00	5	¥ 220.00
5	BTW-08003	2011年1月4日	博达书店	BK-83034	《操作系统原理》	¥ 39.00	41	¥ 1,599.00
6	BTW-08004	2011年1月5日	博达书店	BK-83027	《MySQL数据库程序设计》	¥ 40.00	21	¥ 840.00
7	BTW-08005	2011年1月6日	鼎盛书店	BK-83028	《MS Office高级应用》	¥ 39.00	32	¥ 1,248.00
8	BTW-08006	2011年1月9日	鼎盛书店	BK-83029	《网络技术》	¥ 43.00	3	¥ 129.00
9	BTW-08007	2011年1月9日	博达书店	BK-83030	《数据库技术》	¥ 41.00	1	¥ 41.00
10	BTW-08008	2011年1月10日	鼎盛书店	BK-83031	《软件测试技术》	¥ 36.00	3	¥ 108.00
11	BTW-08009	2011年1月10日	博达书店	BK-83035	《计算机组成与接口》	¥ 40.00	43	¥ 1,720.00
12	BTW-08010	2011年1月11日	隆华书店	BK-83022	《计算机基础及Photoshop应用》	¥ 34.00	22	¥ 748.00
13	BTW-08011	2011年1月11日	隆华书店	BK-83023	《C语言程序设计》	¥ 42.00	31	¥ 1,302.00
14	BTW-08012	2011年1月12日	隆华书店	BK-83032	《信息安全技术》	¥ 39.00	19	¥ 741.00
15	BTW-08013	2011年1月12日	博达书店	BK-83036	《数据库原理》	¥ 37.00	43	¥ 1,591.00
16	BTW-08014	2011年1月13日	隆华书店	BK-83024	《VB语言程序设计》	¥ 38.00	39	¥ 1,482.00
17	BTW-08015	2011年1月15日	鼎盛书店	BK-83025	《Java语言程序设计》	¥ 39.00	30	¥ 1,170.00
18	BTW-08016	2011年1月16日	鼎盛书店	BK-83026	《Access数据库程序设计》	¥ 41.00	43	¥ 1,763.00
19	BTW-08017	2011年1月16日	博达书店	BK-83037	《软件工程》	¥ 43.00	40	¥ 1,720.00
20	BTW-08018	2011年1月17日	鼎盛书店	BK-83021	《计算机基础及MS Office应用》	¥ 36.00	44	¥ 1,584.00
21	BTW-08019	2011年1月18日	博达书店	BK-83033	《嵌入式系统开发技术》	¥ 44.00	33	¥ 1,452.00
22	BTW-08020	2011年1月19日	博达书店	BK-83034	《操作系统原理》	¥ 39.00	35	¥ 1,365.00
23	BTW-08021	2011年1月22日	博达书店	BK-83027	《MySQL数据库程序设计》	¥ 40.00	22	¥ 880.00
24	BTW-08022	2011年1月23日	鼎盛书店	BK-83028	《MS Office高级应用》	¥ 39.00	38	¥ 1,482.00
25	BTW-08023	2011年1月24日	隆华书店	BK-83029	《网络技术》	¥ 43.00	5	¥ 215.00
26	BTW-08024	2011年1月24日	鼎盛书店	BK-83030	《数据库技术》	¥ 41.00	32	¥ 1,312.00
27	BTW-08025	2011年1月25日	鼎盛书店	BK-83031	《软件测试技术》	¥ 36.00	19	¥ 684.00
28	BTW-08026	2011年1月26日	隆华书店	BK-83035	《计算机组成与接口》	¥ 40.00	38	¥ 1,520.00
29	BTW-08027	2011年1月26日	鼎盛书店	BK-83022	《计算机基础及Photoshop应用》	¥ 34.00	29	¥ 986.00
30	BTW-08028	2011年1月29日	鼎盛书店	BK-83023	《C语言程序设计》	¥ 42.00	45	¥ 1,890.00
31	BTW-08029	2011年1月30日	鼎盛书店	BK-83032	《信息安全技术》	¥ 39.00	4	¥ 156.00
32	BTW-08030	2011年1月31日	博达书店	BK-83036	《数据库原理》	¥ 37.00	7	¥ 259.00
33	BTW-08031	2011年1月31日	隆华书店	BK-83024	《VB语言程序设计》	¥ 38.00	34	¥ 1,292.00
34	BTW-08032	2011年2月1日	博达书店	BK-83025	《Java语言程序设计》	¥ 39.00	18	¥ 702.00
35	BTW-08033	2011年2月1日	鼎盛书店	BK-83026	《Access数据库程序设计》	¥ 41.00	15	¥ 615.00
36	BTW-08034	2011年2月2日	博达书店	BK-83037	《软件工程》	¥ 43.00	11	¥ 473.00
37	BTW-08035	2011年2月2日	鼎盛书店	BK-83030	《数据库技术》	¥ 41.00	30	¥ 1,230.00
38	BTW-08036	2011年2月5日	鼎盛书店	BK-83031	《软件测试技术》	¥ 36.00	48	¥ 1,728.00
39	BTW-08037	2011年2月7日	鼎盛书店	BK-83035	《计算机组成与接口》	¥ 40.00	3	¥ 120.00

订单明细表 ｜ 编号对照 ｜ 统计报告

图7-56 样文1

⑤根据"订单明细"工作表中的销售数据，统计所有订单的总销售金额，并将其填写在"统计报告"工作表的B3单元格中。

⑥根据"订单明细"工作表中的销售数据，统计《MS Office高级应用》图书在2012年的总销售额，并将其填写在"统计报告"工作表的B4单元格中。

⑦根据"订单明细"工作表中的销售数据，统计隆华书店在2011年第3季度的总销售额，并将其填写在"统计报告"工作表的B5单元格中。

⑧根据"订单明细"工作表中的销售数据，统计隆华书店在2011年的每月平均销售额（保留2位小数），并将其填写在"统计报告"工作表的B6单元格中（图7-57）。

	A	B
1	统计报告	
2	统计项目	销售额
3	所有订单的总销售金额	¥ 658,638.00
4	《MS Office高级应用》图书在2012年的总销售额	¥ 15,210.00
5	隆华书店在2011年第3季度（7月1日~9月30日）的总销售额	¥ 40,727.00
6	隆华书店在2011年的每月平均销售额（保留2位小数）	¥ 9,845.25

图7-57 样文2

⑨保存文件名为"图书销售数据报表"。

文涵是大地公司的销售部助理，负责对全公司的销售情况进行统计分析，并将结果提交给销售部经理。年底，她根据各门店提交的销售报表进行统计分析。

打开"计算机设备全年销量统计表.xlsx"，帮助文涵完成以下操作：

①将"Sheet1"工作表命名为"销售情况"，将"Sheet2"命名为"平均单价"。

②在"店铺"列左侧插入一个空列，输入列标题为"序号"，并以001、002、003、…的方式向下填充该列到最后一个数据行。

③将工作表标题跨列合并后居中并适当调整其字体、加大字号，并改变字体颜色。适当加大数据表行高和列宽，设置对齐方式及销售额数据列的数值格式（保留2位小数），并为数据区域增加边框线。

④将工作表"平均单价"中的区域B3:C7定义名称为"商品均价"。运用公式计算工作表"销售情况"中F列的销售额，要求在公式中通过VLOOKUP函数自动在工作表"平均单价"中查找相关商品的单价，并在公式中引用所定义的名称"商品均价"（图7–58）。

图7-58 样文1

⑤为工作表"销售情况"中的销售数据创建一个数据透视表，放置在一个名为"数

据透视分析"的新工作表中，要求针对各类商品比较各门店每个季度的销售额。其中：商品名称为报表筛选字段，店铺为行标签，季度为列标签，并对销售额求和。最后对数据透视表进行格式设置，使其更加美观（图7-59）。

商品名称	笔记本				
求和项:销售额	列标签				
行标签	1季度	2季度	3季度	4季度	总计
上地店	819416.016	637323.568	1001508.464	1274647.136	3732895.184
西直门店	910462.24	682846.68	1138077.8	1365693.36	4097080.08
亚运村店	955985.352	773892.904	1183600.912	1456739.584	4370218.752
中关村店	1047031.576	819416.016	1320170.248	1593308.92	4779926.76
总计	3732895.184	2913479.168	4643357.424	5690389	16980120.78

图7-59　样文2

⑥根据生成的数据透视表，在透视表下方创建一个簇状柱形图，图表中仅对各门店4个季度笔记本的销售额进行比较（图7-60）。

⑦保存"计算机设备全年销量统计表.xlsx"文件。

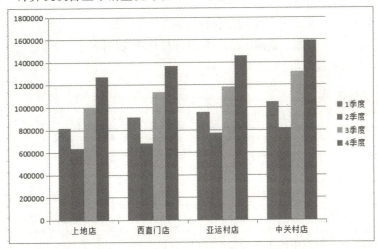

图7-60　样文3

习题演练

一、填空题

1.如果要计算A1、A2、A3、A4单元格中数据的和，则计算公式为_____，计算平均值的公式为_____。

2.在Excel工作表中，每个单元格都有其固定的地址，如"A5"中的"A"表示_____，"5"表示_____。

3.在Excel工作表中，进行分类汇总之前必须要按分类字段进行_____。

4.数据筛选功能有自动筛选和_____两种。

5.Excel打印文件时，可以打印工作表、_____和图像。

二、选择题

1.Excel图表的显著特点是工作表中的数据变化时，图表（　　　）。

    A.随之转变 　　　　　　　　　　B.不显现变化

    C.自然消失 　　　　　　　　　　D.生成新图表，保留原图表

2.Excel中能一次性删除表格中重复内容的操作是（　　　）。

    A.筛选 　　　　　　　　　　B.条件格式—突出显示单元格规则—重复值

    C.数据—删除重复项 　　　　D.格式刷

3.在Excel中，进行分类汇总前，我们必须对数据清单进行（　　　）。

    A.筛选　　　　B.排序　　　　C.建立数据库　　　　D.有效计算

4.在Excel中，数据透视表的数据区域默认的字段汇总方式是（　　　）。

    A.平均值　　　B.乘积　　　　C.求和　　　　　　D.最大值

5.在Excel中，排序对话框中的"递增"和"递减"指的是（　　　）。

    A.数据的大小　　B.排列次序　　　C.单元格的数目　　D.以上都不对

6.在Excel中，下面关于分类汇总的叙述错误的是（　　　）。

    A.分类汇总前必须按关键字段排序

    B.进行一次分类汇总时的关键字段只能针对一个字段

    C.分类汇总可以删除，但删除汇总后排序操作不能撤销

    D.汇总方式只能是求和

学习评价

项目名称			日期		
班级			姓名		
任务内容	评价内容		是否完成	遇到的问题、难点	解决办法
制作产品销售报表	1.了解数据清单的基本概念； 2.了解数据管理的主要内容； 3.掌握数据的排序、分类汇总的使用方法。				
	会使用排序、分类汇总对数据进行分析管理。				
	引导学生树立正确的产品意识观和消费观。				
制作手机销售情况统计表	掌握筛选的使用方法。				
	会使用筛选对数据进行查询管理。				
	引导学生树立文化自信、民族荣誉感。				

续表

任务内容	评价内容	是否完成	遇到的问题、难点	解决办法
制作品牌 电器销售 统计报表	掌握数据透视表的使用方法。			
	会使用数据透视表对数据进行快速汇总和分析。			
	引导学生树立文化自信、民族荣誉感。			
制作可视 化数据 图表	掌握数据图表的制作方法。			
	会使用数据图表直观、形象地表达数据内容及数据之间的关系。			
	培养学生良好的审美素养。			

项目八
制作公司产品推广演示文稿

　　PowerPoint 2021作为Microsoft Office中的一部分，用户可以利用这个软件把单调的文字信息与图形、图片、动画、音视频等元素进行配合，通过投影仪或者计算机进行图文并茂、有声有色的整体展示，更能有效传达用户需要表达的信息。

　　在本项目中，我们主要学习如何运用幻灯片主题、母版以及插入对象等对幻灯片进行美化编辑，制作推广公司产品的演示文稿。

学习目标

知识目标： 1.掌握演示文稿和幻灯片的基本概念。

2.认识PowerPoint工作界面。

3.了解PowerPoint的视图。

4.理解幻灯片母版的作用。

5.了解幻灯片主题的作用。

技能目标： 1.会新建、保存和关闭演示文稿。

2.会添加、移动、复制、删除幻灯片。

3.能在幻灯片里编辑文本。

4.能在幻灯片里插入图片、艺术字、SmartArt图形。

5.会在幻灯片里插入表格、图表、多媒体。

6.会设置幻灯片主题。

思政目标： 1.养成规范操作软件的习惯。

2.培养精益求精的职业素养。

3.提高学生对农业农村的关注度。

4.让学生体验企业角色。

5.渗入职业规划的意识。

相关知识

1.演示文稿和幻灯片的区别

演示文稿是指PowerPoint软件创建的文件，其文件格式后缀名为.ppt、.pptx，也可以保存为pdf、pps放映格式或者图片格式，2010及以上版本中可保存为视频格式。

一个演示文稿包含多张的幻灯片，相当于演示文稿是一个作业本，幻灯片是里面的每一页。二者是整体和部分的关系。

2.常用的演示文稿软件

Microsoft PowerPoint是微软公司的演示文稿软件，也是全球最具影响力、最领先的幻灯片制作软件之一，在工作汇报、产品推介、企业宣传、项目竞标、教育培训等领域有着举足轻重的地位。

WPS Office是由北京金山办公软件股份有限公司自主研发的一款办公软件套装，主要包括三大功能模块："WPS文字""WPS表格""WPS演示"。其中"WPS演示"支持ppt/pptx文档的查看、编辑和加/解密，支持复杂的SmartArt对象和多种对象动画/翻页动画模式。

Keynote是由苹果公司针对Mac OS X操作系统推出的PPT软件，制作的幻灯片绚烂可见，同时可在iPad、iPhone、Mac之间共享。

3.节的管理

PowerPoint通过节的管理，能更有效清晰地管理幻灯片，就类似于将幻灯片分门别类到不同文件夹下。通过节进行分类，有利于规划PPT内容结构，同时提高工作效率。在右侧的大纲区右键快捷菜单里，可以进行新增节（图8-1）、重命名节、删除节（图8-2）等操作。

图8-1 新增节

图8-2 删除节和重命名节

4.母版

PowerPoint2021提供的母版视图类型主要有：幻灯片母版、讲义母版、备注母版。

幻灯片母版是最常用的母版之一，主要用于设置统一的标志、文本、图形等，比如

LOGO、页码等信息。对幻灯片母版进行的设置，可以将设置应用到所有相关幻灯片中。打开"幻灯片母版"视图，在"视图"选项卡上选择"幻灯片母版"（图8-3）。

图8-3 母版视图

5.幻灯片主题

幻灯片主题指的是一组经过优秀设计人员预先搭配好的颜色、字体和特殊效果等。每个主题包括一个幻灯片母版和一组相关版式。单击"设计"选项卡在"主题"组中选择合适的主题，右击，可以选择"应用于所有幻灯片"还是"应用于选定幻灯片"。还可以根据自己的需要对幻灯片主题的颜色、字体、外观等进行修改（图8-4）。

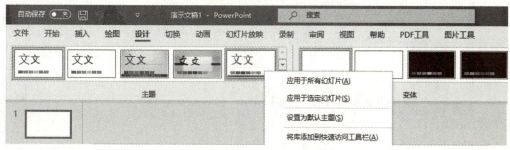

图8-4 幻灯片主题

 任务一

制作"有机农产品"演示文稿

任务引入

公司在进行乡村振兴建设中对接一个乡镇，由于农户的一些农产品出现了滞销，公司为了帮助农户把农产品推广出去，需要制作农产品推广演示文稿。经理将此事交给了秘书小王来完成。小王准备使用PowerPoint来制作"有机农产品"的演示文稿，并在推广会上进行介绍。

任务清单

任务名称	制作"有机农产品"演示文稿				
班级		姓名		日期	
环境需求	完成本任务可以借助哪些软件来制作？				
活动名称	活动内容及要求				
课前活动	1.思考制作演示文稿的主要步骤有哪些？ 2.查阅保存演示文稿的格式有哪些？				
课中活动	1.演示文稿的版式有哪些？ 2.幻灯片的编辑有哪些基本操作？ 3.尝试制作"有机农产品"的演示文稿。				
课后活动	归纳演示文稿的操作步骤。				

任务知识

1.PowerPoint2021工作界面

PowerPoint2021工作界面主要包括标题栏、功能区、幻灯片导航区、幻灯片编辑区、备注区和状态栏等，如图8-5所示。

标题栏：主要有"自动保存"开关按钮、自定义快速访问工具栏和文稿名称等，如图8-6所示，在标题栏的中间显示打开演示文稿的名称、PowerPoint的名称、搜索栏、登录按钮、功能区显示选项，可以发现启动PowerPoint应用程序后就会自动建立一个名为"演示文稿1"的空文档，在标题栏右边显示的是系统按钮"最小化""最大/向下还原"和"关闭"按钮。

功能区：功能区代替了之前版本的下拉式菜单和工具条界面，用选项卡代替了下拉菜单，并将命令排列在选项卡的各个组中，以分组的形式显示对应选项卡里的设置。选项卡不同，对应的组里的设置也就不同。鼠标移动到功能区任意位置，右键快捷菜单可打开"自定义功能区"和"折叠功能区"进行个性化菜单设置，如图8-7所示。可显示或隐藏选项卡，新建、重命名选项卡，新建、重命名、删除组等设置，如图8-8所示。

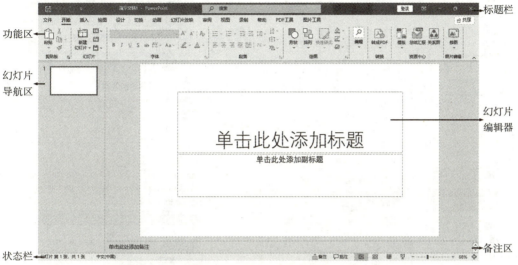

图8-5　PowerPoint工作界面

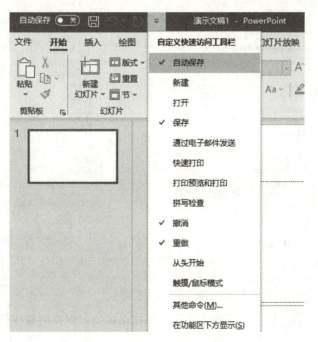

图8-6　自定义快速访问工具栏

　　幻灯片导航区：在PowerPoint主窗口的左侧，是幻灯片导航区。默认"普通视图"模式下，幻灯片以缩略图的形式从上到下排列在导航区，方便用户快速选择和编辑幻灯片。

　　幻灯片编辑区：编辑区是PowerPoint窗口中最大的组成部分，它是进行制作的主要区域。例如，文字输入、图片插入和表格编辑等。

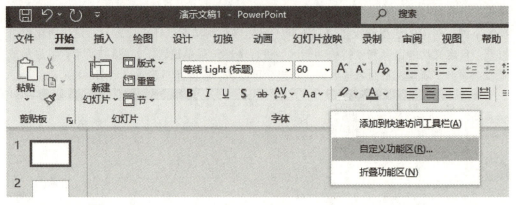

图8-7　自定义功能区（一）

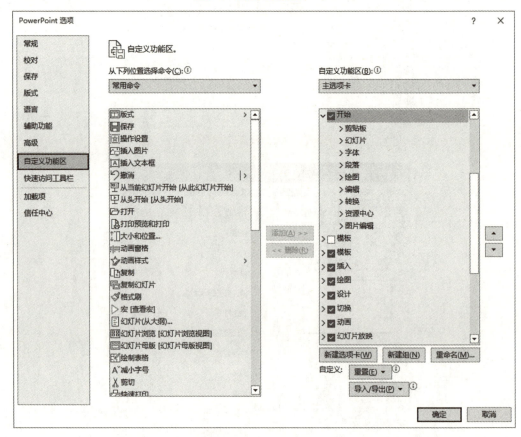

图8-8　自定义功能区（二）

　　备注区：单击备注栏，可直接输入当前正在编辑的幻灯片的备注信息，以备后面在放映时使用。

　　状态栏：主要显示正在编辑区幻灯片的信息，包括正在编辑的幻灯片在整个演示文稿中的序列、幻灯片总数、编辑文档使用的中文还是英文输入法、备注栏的显示隐藏、视图切换等。右击状态栏可以自定义状态栏的内容。

2.PowerPoint2021演示文稿视图

　　通过视图我们可以看到整个版面中各张幻灯片的主要内容，也可以在上面进行排版与编辑。PowerPoint2021提供的演示文稿视图类型主要有普通视图、大纲视图、幻灯片浏览视图、备注页视图、阅读视图，如图8-9所示。根据不同的需求选择不同的视图模式编辑幻灯片，能有效提高制作演示文稿的速度。

图8-9 演示文稿视图

普通视图：PowerPoint默认视图就是普通视图，是最常用的视图模式。左侧为导航缩略图，右侧为编辑窗口，主要用于创建和编辑幻灯片，如图8-10所示。

图8-10 普通视图

大纲视图：左侧主要显示幻灯片的标题和主要的文本信息，可以查看每张幻灯片的主要内容，也可以直接进行编辑，右侧显示相应的幻灯片，进行编辑和排版，如图8-11所示。

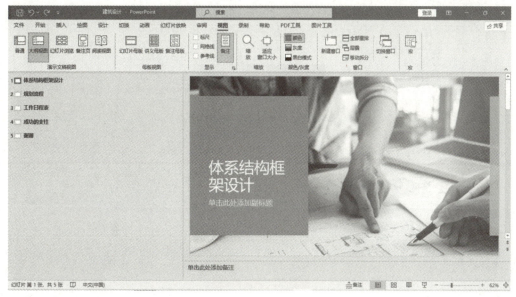

图8-11 大纲视图

浏览视图：以缩略图的形式显示演示文稿中的所有幻灯片，在浏览视图下可以很方便地调整幻灯片的顺序、复制定位幻灯片、设置切换和设置幻灯片放映等，如图8-12所示。

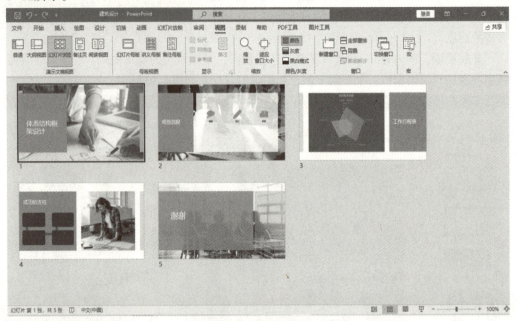

图8-12 浏览视图

备注页视图：每页由上下两部分构成，上面是幻灯片，下面是幻灯片对应的备注信息，在备注栏编辑本张幻灯片的注释和说明。在放映时大屏幕只显示幻灯片里的内容，备注信息显示在操作电脑上，不会放映到大屏幕。适用于讲座时备注自己的所讲，而不展示给观众的内容，如图8-13所示。

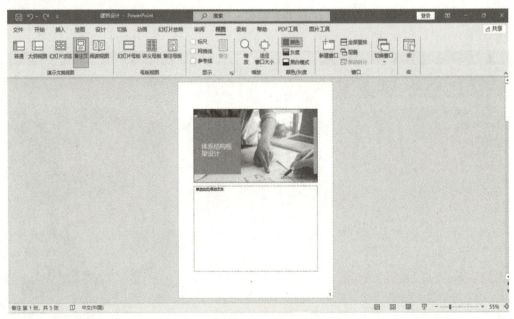

图8-13 备注页视图

阅读视图：类似于之前版本的放映视图，可以查看动画和切换效果，但区别在于阅读视图不占用全屏，只铺满PPT窗口，有助于同时进行多窗口操作，如图8-14所示。

图8-14　阅读视图

3.PowerPoint2021幻灯片版式

幻灯片版式指的是幻灯片内容在幻灯片上的排列方式。幻灯片版式包含幻灯片上显示的所有内容的格式、位置和占位符框。占位符指的是一种带有虚线或阴影线边缘的框，绝大部分幻灯片版式中都有这种框。在这些框内可以放置标题及正文，或者是图表、表格和图片等对象。

PowerPoint2021版提供了11种版式。分别是标题幻灯片、标题和内容、节标题、两栏内容、比较、仅标题、空白、内容与标题、图片与标题、标题和竖排文字、竖排标题与文本，如图8-15所示。

4.PowerPoint2021版新增的主要功能

①协同创作内容：多人共同制作PPT时，可以快速查看彼此对内容的修改。

②新的批注形式：控制何时向共同创作者发送批注，并通过演示文稿和其他 Office 应用中一致的批注体验提高工作效率。

③全新的视窗效果：在功能区中使用现代化的"开始"体验和刷新的选项卡。体验带有单线图标、中性调色板和更柔和的窗口角的清爽利落样式。这些更新可传达操作，并提供具有简单视觉对象的功能。

④优化的录制和幻灯片放映：录制幻灯片放映可以支持演示者视频录制、墨迹录制和激光笔录制。使用"录制、暂停和恢复"按钮控制旁白和导航录制。

⑤更新了绘图选项卡：在一个位置快速访问和更改所有墨迹书写工具的颜色。使用新的"绘图"选项卡添加内容，简化墨迹处理方式：点橡皮擦、标尺和套索。

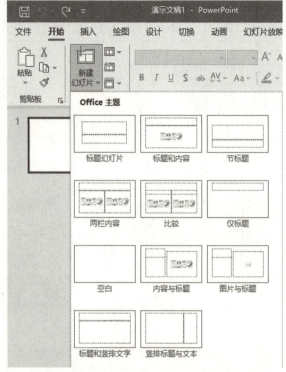

图8-15　幻灯片版式

5.幻灯片的基本编辑

　　一个演示文稿由多张幻灯片组成，在制作过程中，根据需要对幻灯片进行编辑。幻灯片的基本编辑主要包括添加和删除幻灯片、复制和移动幻灯片、编辑幻灯片的文本等。

　　（1）添加幻灯片

　　第1种方法：在幻灯片导航区的缩略图中，根据需要选择幻灯片，单击"开始"或者"插入"选项卡的"幻灯片"组——"新建幻灯片"，将添加一张遵循上一张幻灯片版式的新幻灯片。如果想添加其他版式的幻灯片，应单击"开始"选项卡的"幻灯片"组里的"新建幻灯片"右下角箭头，选择需要的新版式。

　　第2种方法：在幻灯片导航区的缩略图中，右击幻灯片，在快捷菜单里选择"新建幻灯片"。

　　第3种方法：在幻灯片导航区的缩略图中，选中幻灯片，按回车键。将添加一张遵循上一张幻灯片版式的新幻灯片。

　　第4种方法：使用快捷键"Ctrl+M"可以新添加一张幻灯片。

　　（2）删除幻灯片

　　第1种方法：右键单击左侧缩略图窗格中的幻灯片，然后选择"删除幻灯片"。对于多张不连续幻灯片：按住"Ctrl"键，然后在左侧缩略图窗格中选择幻灯片，释放"Ctrl"键，然后右键单击所选幻灯片并选择"删除幻灯片"。对于多张连续幻灯片：按住"Shift"键，然后在左侧缩略图窗格中选择序列中的第一张和最后一张幻灯片，释放"Shift"键，然后右键单击所选幻灯片并选择"删除幻灯片"。

第2种方法：在幻灯片导航区的缩略图中，选中幻灯片，按"Delete"键删除。

（3）复制和移动幻灯片

在左侧缩略图窗格中，右键单击要复制的幻灯片缩略图，然后单击"复制幻灯片"。复制幻灯片将插入选择幻灯片的后面。在左侧窗格中，调整幻灯片的顺序，单击要移动的幻灯片缩略图，然后将其拖动到新位置。选择多张不连续的幻灯片时按住"Ctrl"键，选择多张连续的幻灯片时按住"Shift"键，然后将选定的幻灯片拖到新位置。

（4）编辑幻灯片的文本

将光标放在文本框内，然后输入内容。选择文本，然后从"开始"选项卡的"字体"部分选择一个或多个选项，如字体、增大字号、减小字号、粗体、斜体、下划线等。若要创建项目符号或编号列表，请选择文本，然后选择"项目符号"或"编号"。

6.演示文稿的保存

（1）保存方法

第1种：单击标题栏上的保存按钮 保存。

第2种：单击"文件"选项卡→"另存为"，进行保存。

（2）常用的演示文稿保存格式

保存格式有pptx、ppt、ppsx、mp4、jpg、pdf。pptx格式是普通可编辑模式，打开后呈现的页面就是可编辑的页面，要播放需要单击播放按钮才能播放。ppt格式是早期版本为保证文档的兼容性，使其他人能打开演示文稿，可以将文档保存为.ppt格式。ppsx格式是放映格式，始终在幻灯片放映视图中打开演示文稿。pdf格式是电子书常见的保存格式，避免了PPT被修改，只能以图片形式进行保存。mp4格式是常见的视频格式，如图8-16所示。

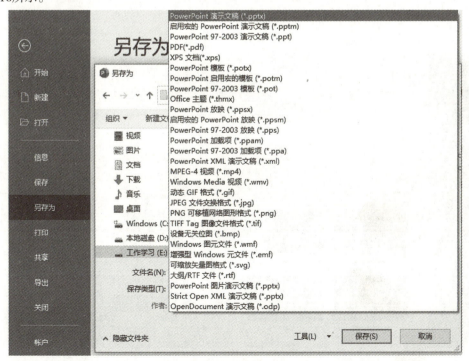

图8-16　演示文稿文件格式

 **任务实施**

微 课

制作"有机农产品"演示文稿

步骤1：启动PowerPoint，单击左侧的"新建"，再单击"空白演示文稿"，如图8-17所示。将新建一个名为"演示文稿1"的空白文档。

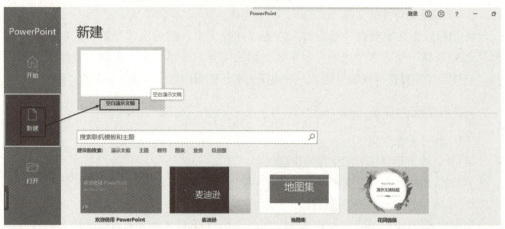

图8-17　新建空白演示文稿

温馨提示：

　　在PowerPoint中，新建演示文稿，有两种方法。一种方法是创建空白演示文稿进行制作，另一种方法是利用模板新建演示文稿。PowerPoint提供了很多模板。比如教育、图表、业务、信息图等，如图8-18所示。

图8-18　根据模板新建演示文稿

步骤2：单击"开始"选项卡中的"新建幻灯片"右下角的箭头，选择"标题和内容"版式，如图8-19所示。

图8-19 幻灯片版式

步骤3：用同样的方法，再新建一张幻灯片，版式选择"两栏内容"版式。

步骤4：单击第2张幻灯片，右键鼠标，选择"复制幻灯片"，同样的方法，一共复制3张幻灯片。

步骤5：单击第5张幻灯片，单击回车键，复制3张幻灯片。

步骤6：单击第2张幻灯片，按住鼠标不放，拖曳到最后一张幻灯片的下方。

步骤7：单击第7张幻灯片，右键鼠标，选择"删除幻灯片"命令。

步骤8：单击第1张幻灯片，鼠标移动到"单击此处添加标题"的占位符单击，在插入点输入"有机农产品推介会"，再单击"单击此处添加副标题"的占位符，输入"**市**县**镇**乡"，如图8-20所示。

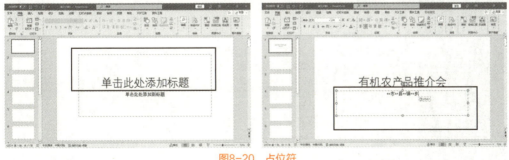

图8-20 占位符

步骤9：单击"视图"选项卡，切换到"大纲"视图，选择第2张幻灯片，在大纲视图的文本插入点标题输入"有机农产品"，另外在编辑区的空白文本框里输入相应的文本信息，如图8-21所示。同样的方法，选择第3张幻灯片，标题输入"有机农产品的特点"。选择第4张幻灯片，标题输入"有机农产品的种类"。选择第5张幻灯片，标题输入"有机杂粮"。选择第6张幻灯片，标题输入"有机蔬菜"。选择第7张幻灯片，标题输入"有机畜禽"。选择第8张幻灯片，标题输入"采购方式"。

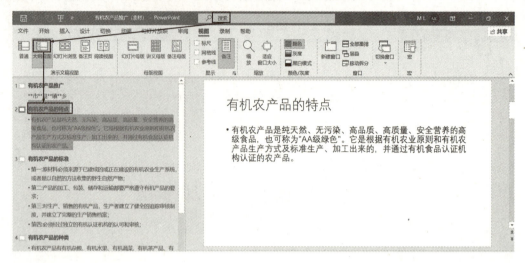

图8-21　大纲视图

步骤10：选择"文件"选择卡的"保存"命令，在"另存为"对话框设置文件名为
"有机农产品推广"，保存类型为".pptx"，单击"保存"按钮，再关闭演示文稿，如
图8-22所示。

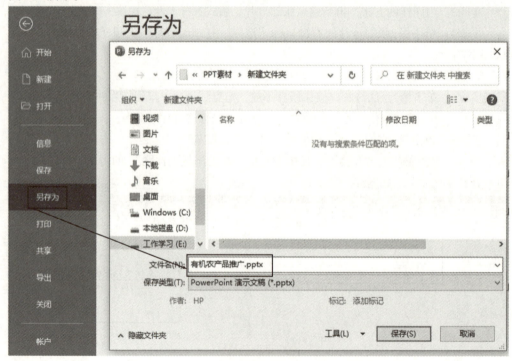

图8-22　保存

任务二

美化"有机农产品"演示文稿

任务引入

小王制作的"有机农产品"演示文稿初稿，部门经理已经审核通过，现在小王需要对初稿进行编辑和美化，包括设置主题和文本格式、插入图片、艺术字、SmartArt图形、插入项目符号和插入媒体文件等。

任务清单

任务名称	美化"有机农产品"演示文稿				
班级		姓名		日期	
环境需求	完成本任务所需信息工具有哪些？				
活动名称	活动内容及要求				
课前活动	1.你需要收集的素材有哪些？ 2.思考编辑美化演示文稿主要从哪些方面入手？				
课中活动	1.思考演示文稿插入对象有哪几种？ 2.幻灯片母版的作用是什么？ 3.尝试美化"有机农产品"演示文稿。				
课后活动	尝试在演示文稿中插入图表和多媒体。				

任务知识

1.设置背景

幻灯片的背景可以填充颜色，也可以填充图片、纹理和图案，让整个演示文稿更协调。打开"设计"选项卡→"自定义"组→"设置背景格式"。可以调节透明度，也可选择应用到选定幻灯片或者应用到全部幻灯片。

2.插入对象

①插入新幻灯片："插入"选项卡→"新建幻灯片"。

②插入表格："插入"选项卡→"表格"，有4种形式插入表格，即移动网格插入表格、输入行数列数插入表格、手动绘制表格、插入Excel表格。选中表格将新增"表设计"选项卡和"布局"选项卡，对表格进行设置，包括表格样式、底纹、边框、效果、插入行列、合并拆分单元格、对齐方式、尺寸、排列等，如图8-23，图8-24所示。

图8-23　表设计选项卡

图8-24　布局选项卡

③插入图片：为增强演示文稿的图文并茂效果，经常需要在幻灯片里插入图片。"插入"选项卡→"图片"按钮。图片主要来自"此设备""图像集""联机图片"。根据需要对图片进行格式化，主要包括对图片进行颜色、透明度等调整、样式，排列、大小的设置，如图8-25所示。

图8-25　图片格式选项卡

④插入形状："插入"选项卡→"插图"组中单击🖻按钮，展开形状集，如图8-26所示。光标变成"十"形状后，在编辑区按住左键拖动绘制形状。在"图片格式"选项卡里对形状进行编辑。

💡 **温馨提示：**

> 多个图形可以进行合并形状，包括结合、组合、拆分、相交、剪除5种功能，这5种功能，统称在一起就是布尔运算。结合：就是将两个及以上的多个元素，合并成一个形状。组合：相交的部分将被删除，运算完成后两个形状将成为一个物体。拆分：就是将两个及以上的元素沿着相交的部分拆开，使其变成单独的元素。相交：两个形状相交的部分保留下来，删除不相交的部分。剪除：在其中一个形状中减去与另一个形状重合的部分。

⑤插入SmartArt图：SmartArt 图形是信息和观点的视觉表现形式。可以通过选择适合

消息的版式进行创建。一些版式（例如：组织结构图或维恩图）用于展现特定类型的信息，而其他版式只是增强项目符号列表的外观。"插入"选项卡→"插图"组中单击 SmartArt按钮，如图8-27所示。

⑥插入图标和图表："插入"选项卡→"插图"组中单击 图标和 图表按钮，如图8-28所示。

⑦插入文本、符号：方法同Word一样，如图8-29所示。

⑧插入媒体：为了让演示文稿更具有吸引力，有时需要插入视频、背景音乐、录制的配音等。单击"插入"选项卡，在"媒体"组单击"视频"和"音频"按钮，再进行"视频格式"和"音频格式"的设置。

3.幻灯片母版

单击"视图"选项卡，在"母版视图"组单击"幻灯片视图"，左侧由两类母版组成，一是幻灯片母版，一是布局母版。用户可根据自己的需求修改母版的排版、样式等参数，也可以在母版中插入新的对象。设置好母版样式后单击菜单栏中的关闭母版视图即可。母版中的内容就像背景图片一样，在正常视图中是不能选中和修改的，如图8-30所示。

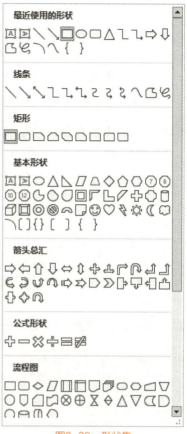

图8-26 形状集

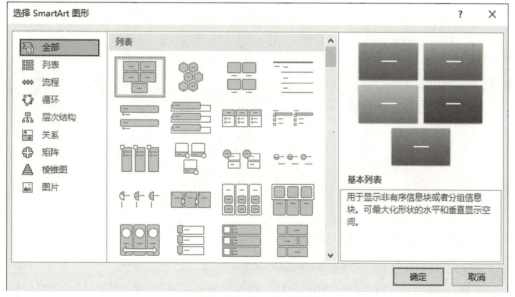

图8-27 SmartArt图形

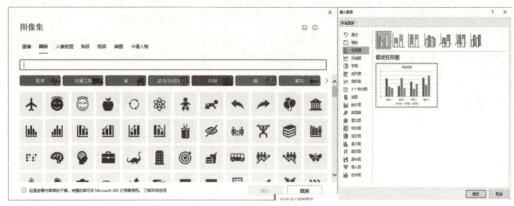

图8-28　图像集和图表

图8-29　插入文本、符号和媒体

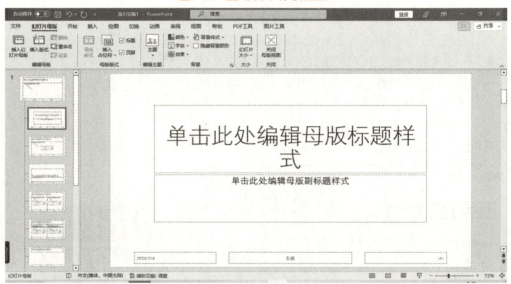

图8-30　幻灯片母版

编辑美化"有机农产品"演示文稿

步骤1：双击打开素材文件 有机农产品推广.pptx 演示文稿。

微课

步骤2：单击第1张幻灯片，在"设计"选项卡的"自定义"组中单击"设置背景格式"按钮，在右侧背景格式窗格里选择"图片或纹理填充"，单击"插入"按钮，选择"来自文件"，在农产品素材文件夹中找到"背景".jpg，单击"打开"，打开后的效果如图8-31，图8-32所示。

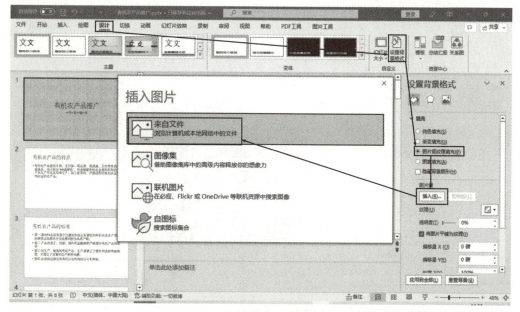

图8-31　设置背景图片

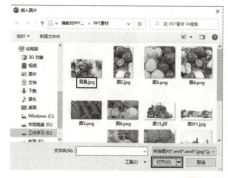

图8-32　设计背景图片后的效果

步骤3：在"插入"选项卡的"插图"组中，单击"形状"按钮下方的展开箭头，选择"矩形"工具，在第1张幻灯片底部绘制一个8厘米×33.87厘米的矩形，设置"底端对齐"，如图8-33所示。

步骤4：选中第1张幻灯片的矩形，在"形状格式"选项卡的"形状样式"组中，单击"形状填充"按钮下方的箭头，单击"其他填充颜色"，选择"标准"选项卡里的"绿色"，设置透明度为"15%"，如图8-34所示。在"形状格式"选项卡的"形状样式"组中，单击"形状轮廓"按钮下方的箭头，选择"无轮廓"，如图8-35所示。

步骤5：按住"Shift"键，同时选中主副标题文字，在"字体"组中的"字体"下拉列表框中选择"微软雅黑"选项，字体颜色设置为白色，拖动到矩形的下面，右击鼠标，在快捷菜单里选择"置于顶层"，如图8-36所示。

步骤6：打开"视图"选项卡，在"母版视图"组中选择"幻灯片母版"。

步骤7：选中第3张母版，再单击"插入"选项卡，在"插图"组里选择"形状"的展开按钮，绘制一个矩形。再单击"形状格式"选项卡，在"形状样式"组里设置填充色为"绿色"，无填充轮廓。按住"Ctrl+Shift"键，水平拖动复制一个矩形，适当减小宽度，填充色更改为"黄色"。

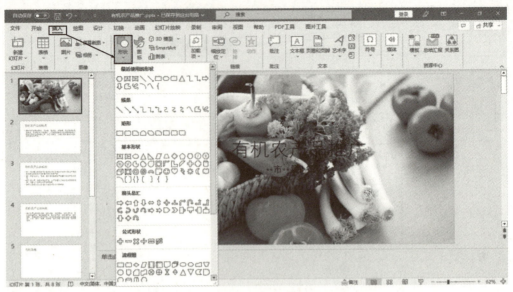

图8-33 插入形状

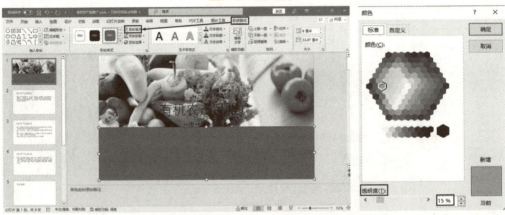

图8-34 填充颜色

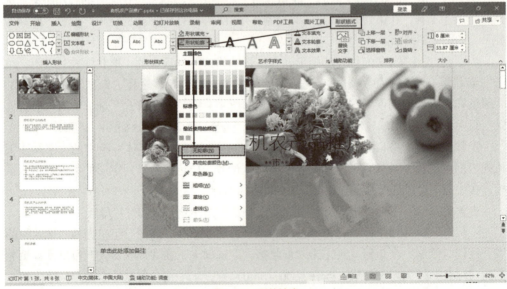

图8-35 形状轮廓

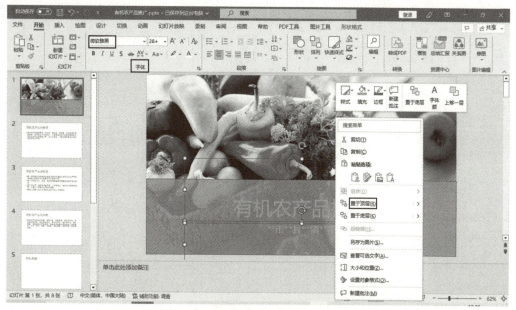

图8-36 设置字体

步骤8：按住"Ctrl"键，选中这两个小矩形，复制到第5张母版上，单击"关闭母版视图"，回到"普通视图"下，如图8-37、图8-38所示。

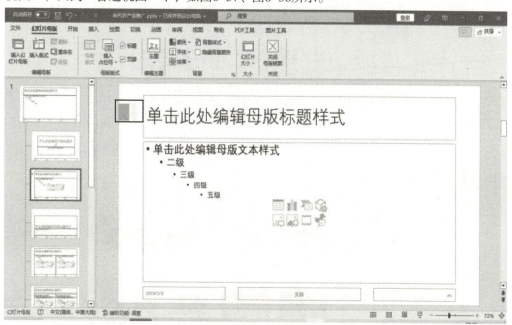

图8-37 设置母版

步骤9：选中第2张幻灯片，在"插入"选项卡的"图像"组中，单击"图片"，选择"此设备"，把素材"图1"插入幻灯片的底部，通过"图片格式"选项卡的大小组设置图片大小和裁剪，如图8-39、图8-40所示。

步骤10：选中第3张幻灯片，按回车键复制一张幻灯片。在新幻灯片的标题中输入"有机农产品的标准"，在"插入"选项卡的"插图"组里单击"SmartArt"按钮，在对话框里选择"垂直V形列表"的图形，单击"确定"。单击功能区的"添加形状"→"在

微 课

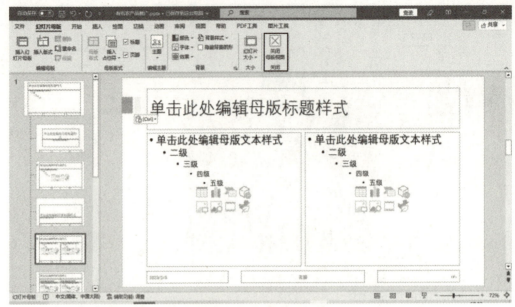

图8-38 设置母版后的效果

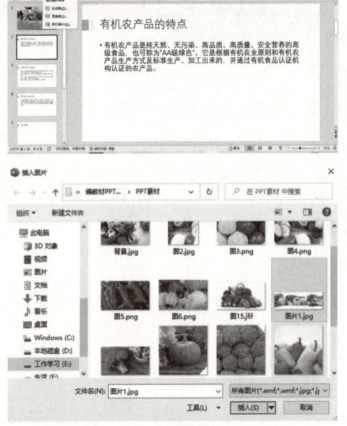

图8-39 插入图片

后面添加形状"，在"SmartArt样式"组里选择"强烈效果"样式，在"更改颜色"组里选择"彩色范围 个性色4-5"，如图8-41、图8-42和图8-43所示。

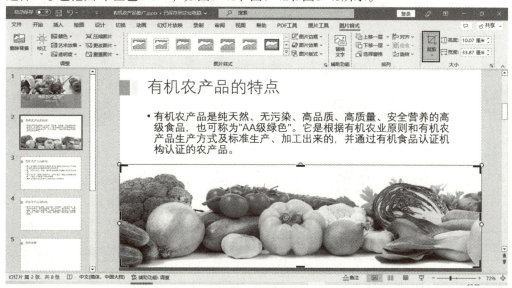

图8-40　裁剪图片

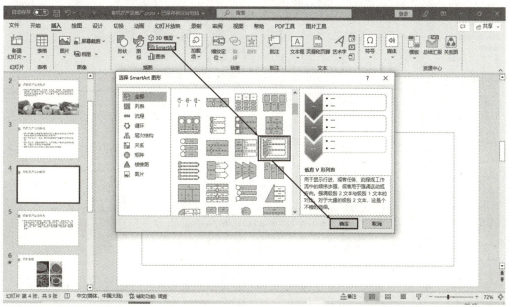

图8-41　插入SmartArt图

步骤11：把第3张幻灯片的文字内容分别剪切到第4张幻灯片的SmartArt图形中，再删除第3张幻灯片，如图8-44所示。

步骤12：根据步骤9的方法，在第5张、第6张和第7张幻灯片中插入相应的图片，并设置合适的大小和位置。选中第6张的第2张图片，打开"图片格式"选项卡，在"排列"组里单击"旋转"右下角的箭头，单击"垂直翻转"和"水平翻转"，如图8-45所示。选中第7张幻灯片的图片，打开"图片格式"选项卡，单击"大小"组右下角的箭头，取消"锁定纵横比"，设置大小分别为6.7 cm×10 cm。在"图片样式"组里选择"矩形投影"样式，如图8-46所示。

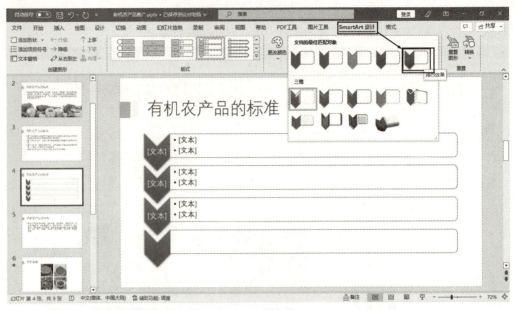

图8-42 编辑SmartArt图

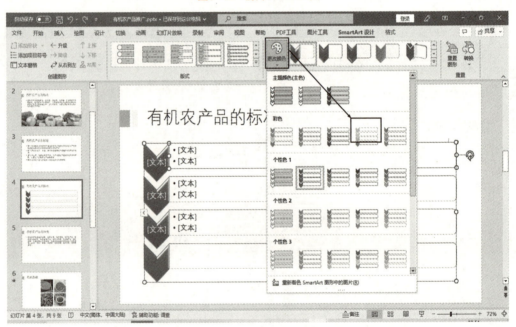

图8-43 美化SmartArt图

步骤13：在"插入"选项卡中的"媒体"组中，插入"此设备"的视频，并调整视频的大小和位置。

步骤14：单击"文件"菜单→"另存为"，保存为"有机农产品（定稿）".pptx。

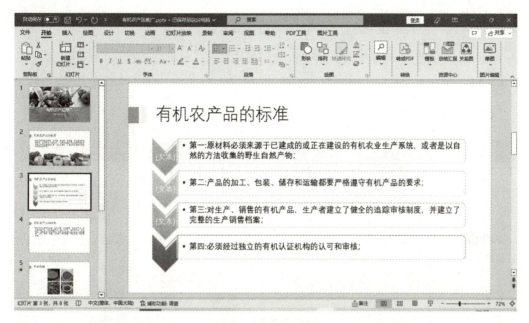

图8-44　效果图

图8-45　图片旋转

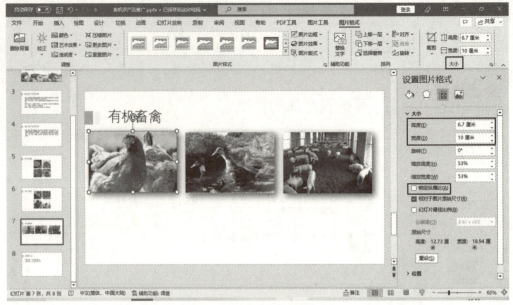

图8-46 图片大小和样式

强化训练

1.制作"××公司财务年终报告"演示文稿，效果如图8-47所示。

图8-47 效果图

①新建演示文稿，再按2次回车键，插入2张幻灯片。

②切换到"大纲"视图，分别输入这3张幻灯片的标题，如图8-48所示。

③单击"设计"选项卡的"主题"组，选择"水汽尾迹"主题。

④选中第2张幻灯片，单击"插入"选项卡的"表格"组，选择"插入表格"，插入一个2列13行的表格，输入相应的月份和销售额。

⑤设置表格的文本"居中对齐"，再单击"表设计"选项卡→"表格样式"组，选择第一排第四个"主题样式1-强调3"的样式，如图8-49所示。

⑥选中第3张幻灯片，单击"插入"选项卡的"插图"组→"图表"按钮。选择"柱形图"里的"簇状柱形图"，如图8-50所示。在弹出的图表窗口中，将第2张幻灯片里的数据复制到对应的位置中，并调整数据源的范围，如图8-51所示。关闭图表窗口。

⑦鼠标移动到"垂直轴"上，在右键快捷菜单里选择"删除"命令，选择上下的"系列1"和左侧的垂直轴值，单击"Delete"键删除，如图8-52所示。

⑧鼠标移动到柱形图上，鼠标右击，在快捷菜单中选择"添加数据标签"，如图8-53所示。

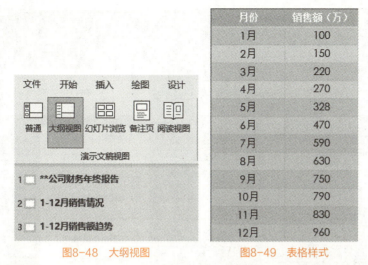

图8-48　大纲视图

月份	销售额（万）
1月	100
2月	150
3月	220
4月	270
5月	328
6月	470
7月	590
8月	630
9月	750
10月	790
11月	830
12月	960

图8-49　表格样式

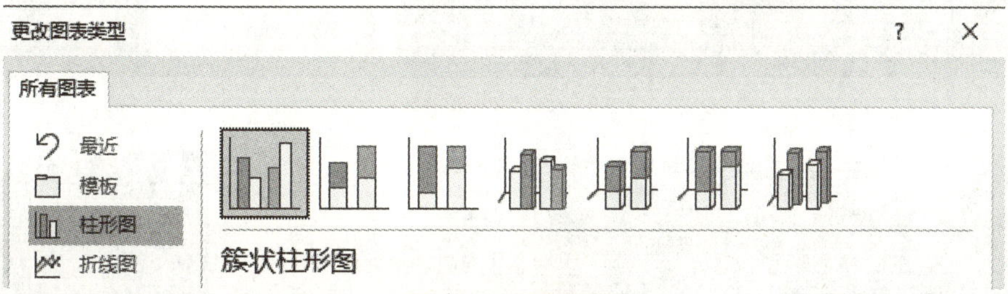

图8-50　图表类型

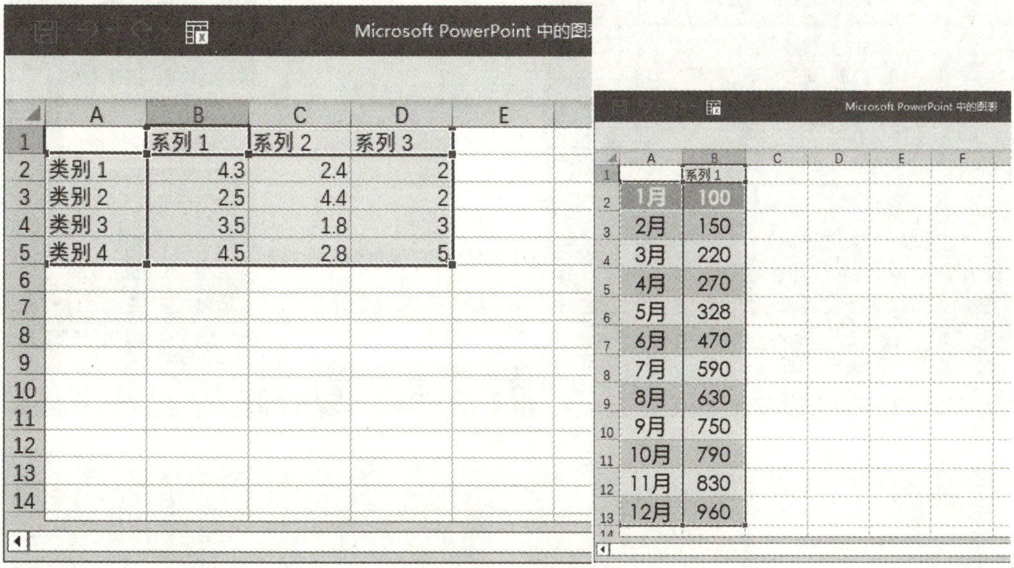

图8-51　调整数据源

2.制作“职业规划”演示文稿，最终效果如图8-54所示。

①打开“职业规划原稿”演示文稿，选中第7张幻灯片，插入“泪滴”形状和“矩形”，在“形状格式”选项卡中，选择“合并形状”→“组合”，构成一个“花瓣”图形，如图8-55所示。

②复制3个花瓣图形，通过“形状格式”选项卡中“排列”组的“旋转”按钮，对图形进行翻转和旋转，调整大小、颜色和位置，如图8-56所示。

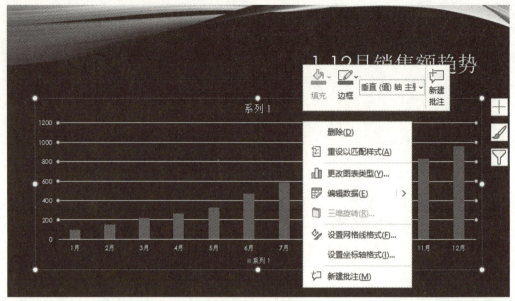

图8-52　删除数轴值

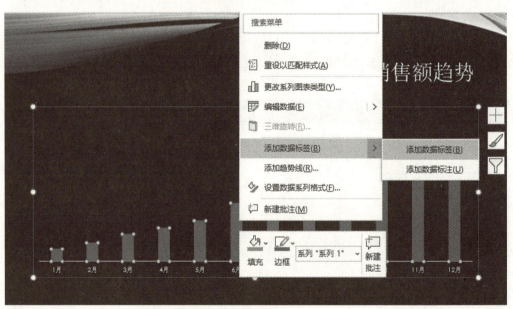

图8-53　添加数据标签

图8-54　效果图

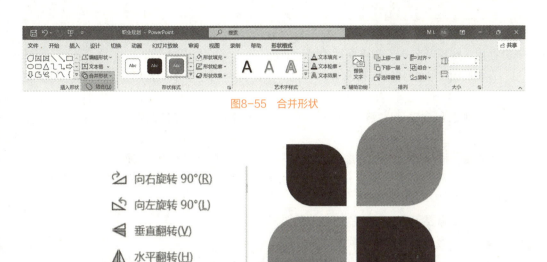

图8-55　合并形状

图8-56　调整花瓣形状

③单击"设计"选项卡，选择"切片"主题，如图8-57所示。

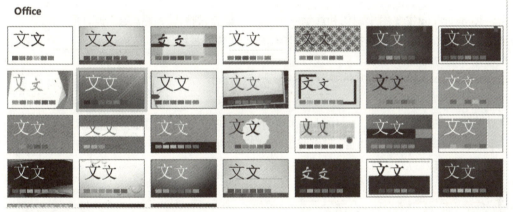

图8-57　设置主题

④单击"视图"选项卡，选择"母版视图"，在母版视图的"空白版式"的左上角，绘制一个蓝色矩形。

⑤单击"幻灯片母版"选项卡，选择 按钮。

⑥单击"文件"选项卡，选择"导出"→"创建PDF/XPS文档"，单击 创建 PDF/XPS 按钮。文件名设置为"职业规则"，保存类型为PDF，单击 发布(S) 按钮。

考级实战

小文是××单位的人力资源培训讲师，负责对新入职的员工进行入职培训，其

PowerPoint演示文稿的制作水平广受好评。最近，她应北京节水展馆的邀请，为展馆制作一份宣传水知识及节水工作重要性的演示文稿。

节水展馆提供的文字资料及素材参见"水资源利用与节水（素材）.docx"，制作要求如下：

①标题页包含演示主题、制作单位（北京节水展馆）和日期（××××年××月××日）。

②演示文稿须指定一个主题，幻灯片不少于5页，且版式不少于3种。

③演示文稿中除文字外要有2张以上的图片，并有2个以上的超链接进行幻灯片之间的跳转。

④动画效果要丰富，幻灯片切换效果要多样。

⑤演示文稿播放的全程需要有背景音乐。

⑥将制作完成的演示文稿以"水资源利用与节水.pptx"为文件名进行保存。

习题演练

一、填空题

1.PowerPoint主要用于制作和演示_____，是为做报告授课等用户设计的。

2.PowerPoint2021主要提供了5种视图模式，即普通视图、_____、_____、备注页视图和阅读视图。

3.在幻灯片中文字输入的方式有3种，分别为在_____、利用文本框输入以及_____。

4.在PowerPoint的_____中可以移动幻灯片顺序，还可以添加与删除幻灯片。

5.选择幻灯片后在"开始"选项卡中单击"幻灯片"组中的_____按钮可以修改幻灯片的版式排列方式，如"标题和内容"版式。

二、选择题

1.关于PowerPoint母版，以下说法错误的是（　　）。

  A.可以自定义幻灯片母版的版式

  B.可以对母版进行主题编辑

  C.可以对母版进行背景设置

  D.在母版中插入图片对象后，在幻灯片中可以根据需要进行编辑

2.在大纲视图中，演示文稿以大纲形式显示，大纲由每张幻灯片的标题和（　　）组成。

  A.段落　　　　　　B.提纲　　　　　　　C.中心内容　　　　　　D.副标题

3.幻灯片中占位符的作用是（　　）。

  A.表示文本的长度　　　　　　　　B.限制插入对象的数量

  C.表示图形的大小　　　　　　　　D.为文本、图形预留位置

4.在空白幻灯片中不可以直接插入（　　）。

  A.艺术字　　　　B.公式　　　　　　C.文字　　　　　　　　D.文本框

5.新建一个演示文稿时第一张幻灯片的默认版式是（　　）。

A.项目清单　　　B.两栏文本　　　　　　C.标题幻灯片　　　　　　D.空白

学习评价

项目名称		日期		
班级		姓名		
任务内容	评价内容	是否完成	遇到的问题、难点	解决办法
制作"有机农产品"演示文稿	1.掌握演示文稿和幻灯片的基本概念； 2.认识PowerPoint工作界面。			
	1.会添加、移动、复制、删除幻灯片； 2.能在幻灯片里编辑文本。			
	1.养成规范操作软件的习惯； 2.培养精益求精的职业素养。			
美化"有机农产品"演示文稿	1.理解幻灯片母版的作用； 2.了解幻灯片主题的作用。			
	1.在幻灯片里插入图片、艺术字、SmartArt图形； 2.会在幻灯片里插入表格、图表、多媒体。			
	1.提高学生对农业农村的关注度； 2.渗入职业规划的意识。			

项目九
制作公司年终总结演示文稿

PowerPoint可将文字信息与图片、图形、声音、视频等进行有机结合，通过对各个对象添加动画效果，设置幻灯片的切换和放映等方式，让演示文稿更加生动有趣，更能有效调动观众的兴趣，吸引观众的注意力，有效地表达演示文稿的内容。

学习目标

知识目标：1.了解幻灯片的交互设计。

2.知道幻灯片动画实现的方式。

3.了解幻灯片的放映方式。

技能目标：1.掌握幻灯片的切换效果。

2.掌握幻灯片动画效果的设置。

3.会进行幻灯片放映和输出的相关操作。

思政目标：1.在日常专业学习中渗透职业规划意识。

2.培养学生基本的职业素养。

相关知识

1.放映幻灯片的方式

PowerPoint放映幻灯片的方式有3种：一是"从头开始"放映（快捷键"F5"），这是默认方式。二是"从当前幻灯片开始"放映（快捷键"Shift+F5"）。三是自定义放映。实际工作中有时只需要放映演示文稿的部分幻灯片，这时可以通过"自定义幻灯片放映"功能来实现。在演示文稿中挑选出需要放映的幻灯片，添加到自定义放映的幻灯片中，如图9-1所示。

2.有效控制放映过程

在幻灯片的放映过程中，可以通过右键菜单对放映过程进行控制，比如幻灯片之间的跳转、放大显示内容、对幻灯片进行批注等，如图9-2所示。

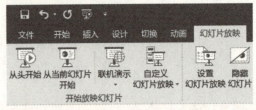

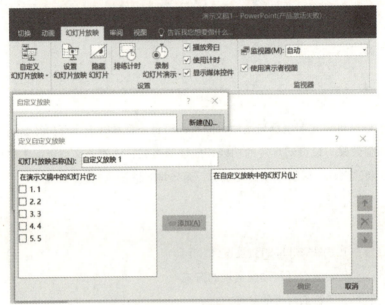

图9-1　幻灯片放映

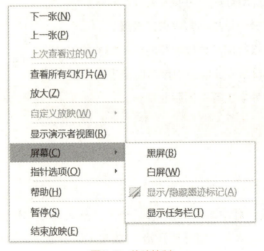

图9-2　放映控制

3.打包幻灯片

　　如果计算机没有安装PowerPoint程序或者缺少放映字体，可以将演示文稿打包成CD。打包后的内容包括链接或嵌入项目，例如视频、声音和字体，以及添加到包的所有其他文件，如图9-3所示。

图9-3　打包幻灯片片

 任务一

制作演示文稿切换动画

 任务引入

　　某公司年末需要制作一份工作总结的演示文稿。小王已完成演示文稿的基本编辑和美化，现在需要使幻灯片的过渡更加有趣，可对幻灯片对象添加动画，提高观赏效果。需要用到幻灯片的切换和添加交换效果。

任务清单

任务名称	制作演示文稿切换动画				
班级		姓名		日期	
环境需求	完成本任务所需信息工具有哪些？				

续表

活动名称	活动内容及要求
课前活动	1.探索设置幻灯片切换动画的方法有哪些？ 2.思考幻灯片切换动画的注意事项有哪些？
课中活动	1.幻灯片交互设计主要通过哪几种方式实现？ 2.幻灯片母版能添加动作按钮吗？ 3.尝试制作公司工作总结的演示文稿。
课后活动	搜集优秀的演示文稿作品进行分析。

任务知识

1.幻灯片的切换动画

幻灯片的切换动画是指幻灯片与幻灯片之间进行切换时所显示出的动画效果，可以让幻灯片在播放时更加生动有趣。PowerPoint 2021提供了多种切换动画，用户选择需要的切换动画后，可以对切换的方向、声音、自动换片时间等进行设置，如图9-4所示。

图9-4　切换动画

温馨提示：

切换动画不同，所对应的效果选项也不同。也可以通过"全部应用"按钮，将切换效果运用到所有的幻灯片中。

2.动作按钮

动作按钮主要用在幻灯片的跳转上，从一张幻灯片转到下一张、上一张、第一张、最后一张等其他位置。

3.添加超链接

添加超链接可以链接到网页，链接到新文档或现有文档中的某个位置，如图9-5所示。

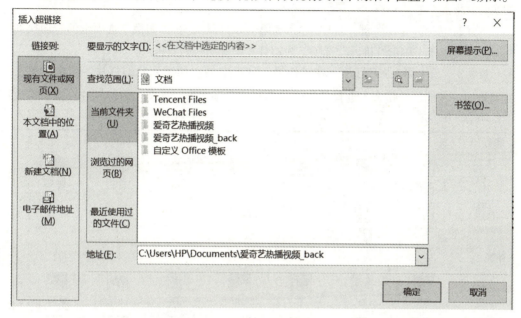

图9-5　添加超链接

（1）链接到网站

可以选择要用作超链接的文本、形状或图片。再选择"插入"选项卡→"超链接"，选择"现有文件或网页"并添加。

温馨提示：

> 如果链接到计算机上的文件并将 PowerPoint 演示文稿移到另一台计算机，还需要移动所有链接的文件。

（2）链接到文档中的某个位置、新文档或电子邮件地址

选择"插入"选项卡→"超链接"，选择"本文档中的位置"：链接到演示文稿中的特定幻灯片。或者"创建新文档"：从演示文稿链接到另一个演示文稿，或者"电子邮件地址"。

可以根据需要更改超链接颜色。若要更改链接的显示文本，请右键单击该链接并选择"编辑链接"。

任务实施

微课

制作演示文稿切换动画

步骤1：打开"公司总结"演示文稿，在左侧的普通视图窗口，选中第2张幻灯片，在"切换"选项卡的"切换到此幻灯片"组中，单击"淡入/淡出"选项，为幻灯片设置切换的效果。

步骤2：按住"Ctrl"键，选中第3张和第6张幻灯片，在"切换"选项卡的"切换到此幻灯片"组中，单击"推入"选项，为幻灯片设置切换的效果。

步骤3：选中第5张幻灯片，在"切换"选项卡的"切换到此幻灯片"组中，单击右下角的"其他"按钮 ，选择"华丽"类别的"百叶窗"选项，为幻灯片设置切换效果，如图9-6所示。

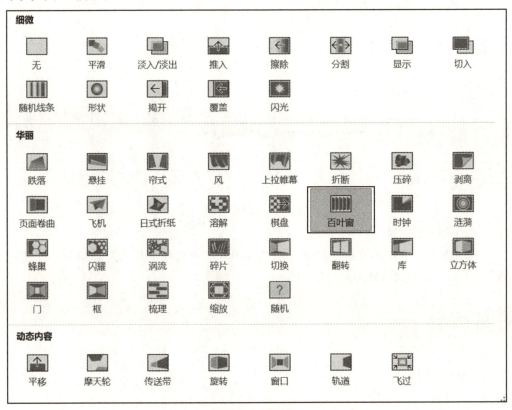

图9-6　切换效果

步骤4：选中第7张幻灯片，在"切换"选项卡的"切换到此幻灯片"组中，单击右下角的"其他"按钮 ，选择"华丽"类别的"立方体"选项，为幻灯片设置切换的效果。

步骤5：选中第8张幻灯片，在"切换"选项卡的"切换到此幻灯片"组中，单击右下角的"其他"按钮 ，选择"华丽"类别的"框"选项。设置"计时"组里的声音为"鼓掌"，持续时间为2秒，设置自动换片时间为3秒，如图9-7所示。

步骤6：选中第9张幻灯片，在"切换"选项卡的"切换到此幻灯片"组中，单击

右下角的"其他"按钮 ⊽ ，选择"华丽"类别的"切换"选项，为幻灯片设置切换的
效果。

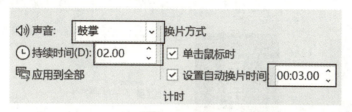

图9-7 设置计时

步骤7：选中第2张幻灯片，在"插入"选项卡的"插图"组中，打开"形状"下拉
列表，在"动作"按钮中选择"转到主页"，如图9-8所示。然后在幻灯片中按住左键绘
制动作按钮形状，绘制完成后释放鼠标。PowerPoint自动打开"操作设置"对话框，选择
"超链接到"第一张幻灯片，如图9-9所示。再修改形状填充为无，形状轮廓为深红色。

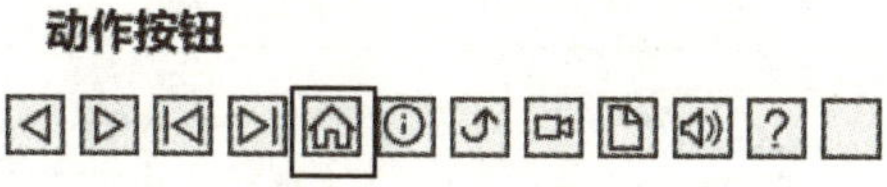

动作按钮

◁ ▷ |◁ ▷| ⌂ ① ↻ ⬛ ▭ ◁)) ? ☐

图9-8 动作按钮

图9-9 动作超链接

步骤8：在第3张幻灯片中，选中文字"年度工作概述"，在"插入"选项卡的"链
接"组中，选择"链接"按钮，如图9-10所示。弹出"插入超链接"对话框，在左侧选
择"本文档中的位置"，选中"下一张幻灯片"，如图9-11所示。

步骤9：点击"幻灯片放映"选项卡中的"从头开始"放映幻灯片。

步骤10：点击"文件"→"另存为"，以"公司总结的切换交互效果"为文件名
保存。

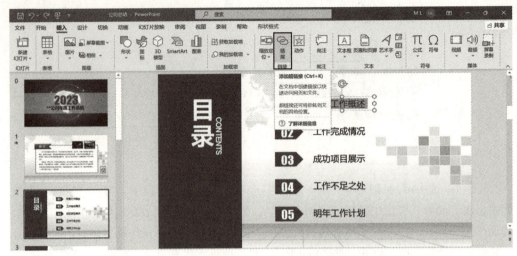

图9-10　文字超链接

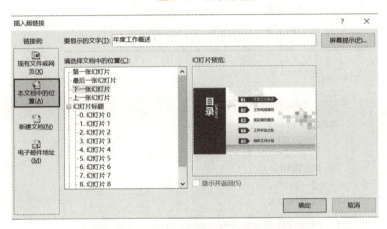

图9-11　超链接位置

 任务二

制作演示文稿对象动画

任务引入

　　为了进一步完善工作总结的演示文稿，小王准备对工作总结的演示文稿再次进行优化处理，需要针对幻灯片的对象添加合适的动画，让幻灯片在放映时进行动态展示，从而增加幻灯片的趣味性和生动性，更好地把演示文稿的主题传递给观众。

 **任务清单**

任务名称	制作演示文稿对象动画				
班级		姓名		日期	
环境需求	完成本任务所需信息工具有哪些?				
活动名称	活动内容及要求				
课前活动	1.探索幻灯片动画的样式主要有哪几类? 2.思考为同一个对象添加多个动画的实现方法。				
课中活动	1.尝试对幻灯片的对象添加合适的动画。 2.尝试设置复杂的动画效果。				
课后活动	熟练运用动画刷提高制作效率。				

任务知识

　　PowerPoint 除了可为幻灯片添加切换动画外，也可以为各个对象添加动画。在对幻灯片的对象添加动画后，可使幻灯片更加自然，也可通过动画刷节省时间，让演示文稿的动画效果保持统一性。为了使幻灯片更加生动有趣，可以通过高级动画和计时等来进行设置。

1.动画类型

　　PowerPoint中的幻灯片动画有：进入、强调、退出、动作路径4种类型，如图9-12所示。详细介绍如下：

　　①进入效果：可以使对象逐渐淡入焦点、从边缘飞入幻灯片或者跳入视图中。

　　②退出效果：效果包括使对象飞出幻灯片、从视图中消失或者从幻灯片旋出。

　　③强调效果：效果的示例包括使对象缩小或放大、更改颜色或沿着其中心旋转等。

　　④动作路径效果：指定对象或文本沿行的路径，它是幻灯片动画序列的一部分。

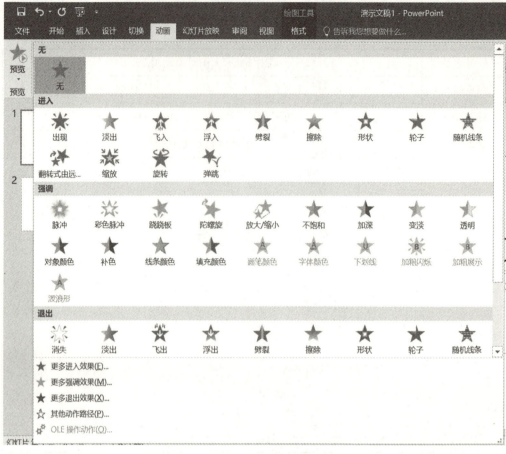

图9-12　动画效果

2.动画计时

　　PowerPoint可以设置动画的播放开始时间，"单击时""与上一动画同时""上一动画之后"三者任选其一。还可以设置动画的持续时间和动画的延迟时间，如图9-13所示。

3.高级动画

　　为同一对象添加多个动画时，必须通过"高级动画"添加其他动画，才不会替换掉之前添加的动画，如图9-14所示。

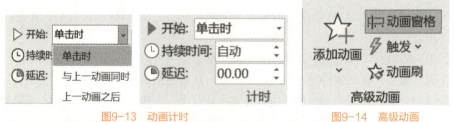

图9-13　动画计时　　　　　　　　　　图9-14　高级动画

（1）动画窗格

动画窗格能够对幻灯片中对象的动画效果进行设置，包括播放动画、设置动画播放顺序和调整动画播放的时长等，如图9-15所示。

（2）动画触发器

触发动画指单击一个对象，可触发另一个对象或动画的动画。在幻灯片中，触发对象可以是文字、按钮、图片、图形等，如图9-16所示。

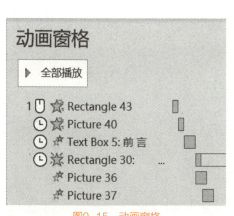

图9-15　动画窗格

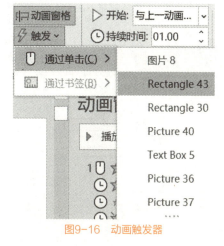

图9-16　动画触发器

（3）动画刷

动画刷与Word中的"格式刷"功能类似，可以轻松快速地复制动画效果，大大方便了对同一对象（图像、文字等）设置相同的动画效果/动作方式工作。动画刷分为单击动画刷和双击动画刷。

"单击动画刷"一次只能复制一次动画，而"双击动画刷"可以多次应用动画刷。要取消只需再次单击一次"动画刷"即可。

任务实施

制作演示文稿对象动画

步骤1：打开素材文件中的"公司总结的切换和交互效果"演示文稿，选中第2张幻灯片中的红色线框，在"动画"选项卡的"动画"组中，选择"劈裂"，在"效果选项"中选择"中央向上下展开"。在"动画窗格"里单击动画右下角的展开按钮，选择"计时"，打开计时对话框，设置"期间"为"快速（1秒）"，如图9-17、图9-18所示。

微 课

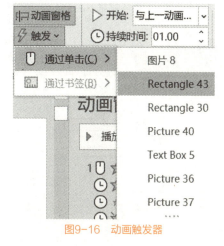

图9-17　添加动画

步骤2：选中第2张幻灯片中左上角的红色图标，单击"动画"选项卡的"动画"组右下角的展开按钮，单击"更多进入效果"，在"基本"类里选择"切入"，在"效果选项"中选择"自左侧"，设置"计时"组里的开始为"上一动画之后"，如图9-19所示。

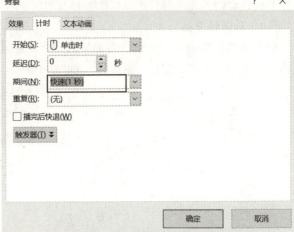

图9-18　设置计时

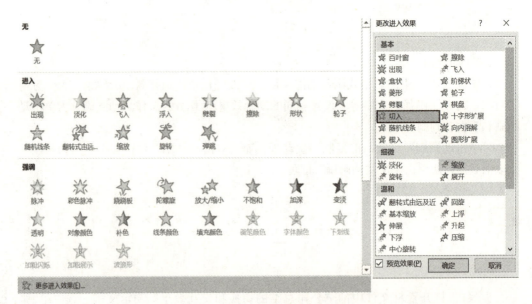

图9-19　添加动画

　　步骤3：选中第2张幻灯片中的"前言"文本框，选择"浮入"动画，设置"效果选项"为下浮，设置开始为"上一动画同时"，在"动画窗格"中拖动文本框动画的开始时间为1秒，结束时间为2秒，如图9-20所示。

　　步骤4：选中第2张幻灯片中的"正文"文本框，选择"淡化"动画，设置开始为"上一动画之后"，在"动画窗格"中拖动文本框动画的开始时间为2秒，结束时间为5秒。

　　步骤5：选中第2张幻灯片中第一张图片，单击"动画"选项卡的"动画"组右下角的展开按钮，单击"更多进入效果"，在"华丽"类里选择"曲线向上"，设置"计时"组里的开始为"上一动画之后"。

　　步骤6：选中第2张幻灯片中第二张图片，方法同上，设置"计时"组里的开始为"上一动画之后"，延迟时间设置6秒，如图9-21所示。

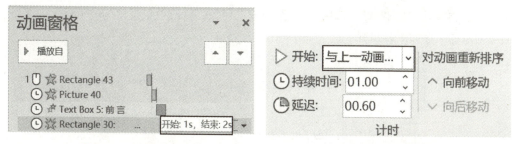

图9-20 动画的起止时间　　　　图9-21 延迟时间

步骤7：选中第6张幻灯片中第一张图片，设置"飞入"动画，效果选项设置为"自顶部"，设置开始为"上一动画之后"。

步骤8：单击第6张幻灯片中第一张图片，双击 ☆动画刷 按钮，分别单击余下的5张图片，复制动画。再分别更改效果选项的方向为"自右侧"或者"自左侧"。复制动画后的效果如图9-22所示。

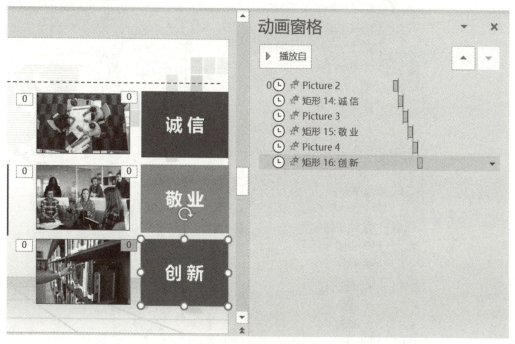

图9-22 动画刷复制动作

步骤9：单击第7张幻灯片，按住"Ctrl"键，选中两个燕尾形状，添加"飞入"动画，方向为"自左侧"，再设置第二个燕尾形状的开始为"上一动画之后"。选中"业务领域"文本框，添加"劈裂"动画，设置开始为"上一动画之后"。选中3个箭头形状，添加"擦除"动画，方向"自左侧"，设置第1个箭头开始为"上一动画之后"。其他箭头开始为"上一动画同时"。单击其中一个箭头形状，双击"动画刷"按钮，分别单击3个五边形，复制动画。用动画刷单击3个组合框，复制动画。设置第1个组合框开始为"上一动画之后"。其他组合框开始为"上一动画同时"，如图9-23所示。

微课

步骤10：单击第8张幻灯片中底部的线条，添加"擦除"动画，方向"自左侧"，设置开始为"上一动画之后"。按住"Ctrl"键，分别选中所有的小圆和组合框，添加"浮入"动画。在动画窗格中，按住"Ctrl"键，选中4个椭圆对象，设置开始为"上一动画之后"。再按住"Ctrl"键，选中4个"组合框"对象，修改效果选项为"下浮"。调整各个对象的顺序如图9-24所示。

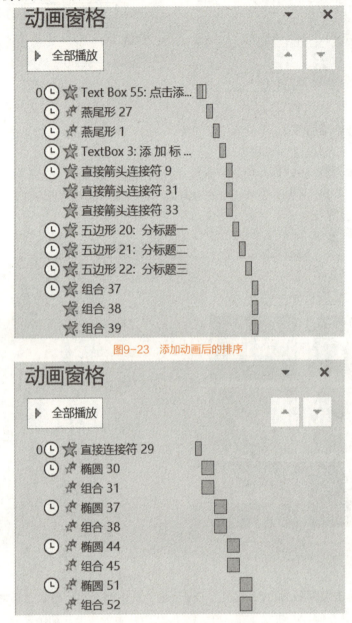

图9-23　添加动画后的排序

图9-24　添加动画后的排序

步骤11：选中第9张幻灯片中5个文本框，添加"飞入"动画，方向为"自左侧"。单击组合线条对象，添加"淡化"动画，设置开始为"与上一动画同时"。按住Ctrl键，选中剩下的10个文本框，添加"切入"动画，设置开始为"与上一动画同时"，方向为"自顶部"。按住Ctrl键，选中5个多边形，添加"擦除"动画，方向"自左侧"。设置开始为"上一动画之后"。

步骤12：打开"文件"选项卡，另存为"公司总结定稿.pptx"。

设置演示文稿的放映和输出

 任务引入

小王需要在不同场合下放映工作总结的演示文稿，为了确保放映时准确，要进行不同的放映设置，比如设置排练计时、隐藏或显示幻灯片、指定放映幻灯片等。针对在不同设备放映演示文稿，还需要根据情况将演示文稿输出成不同格式的文件。

任务清单

任务名称	制作演示文稿的放映和输出				
班级		姓名		日期	
环境需求	完成本任务所需信息工具有哪些？				
活动名称	活动内容及要求				
课前活动	1.思考幻灯片的放映类型主要有哪些？ 2.探索如何进行自定义放映？				
课中活动	1.尝试对放映进行设置。 2.对演示文稿设置对应的导出格式。				
课后活动	思考演示文稿不同导出格式的区别有哪些？				

任务知识

1.隐藏幻灯片

实际工作中，在放映演示文稿时，根据具体情况，在不同的场合，放不同的幻灯片，需要对部分幻灯片进行隐藏。

可以在"幻灯片放映"选项卡里选择"隐藏幻灯片"，也可以在幻灯片视图中，选中幻灯片后，右键快捷菜单中的"隐藏幻灯片"选项。

如果需要显示幻灯片，再次单击"隐藏幻灯片"按钮即可，如图9-25所示。

图9-25　隐藏幻灯片

2.录制幻灯片演示

在不需要演示者演讲，观众自行放映的场合，需要提前录制幻灯片演示。在"幻灯片放映"选项卡里选择"录制幻灯片演示"，可以选择"从头开始录制"或者"从当前幻灯片开始录制"，如图9-26所示。录制时可以根据需要，选择"幻灯片和动画计时""旁白、墨迹和激光笔"。

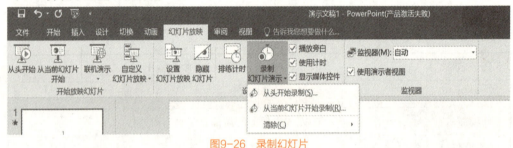

图9-26　录制幻灯片

3.排练计时

在演讲者演讲时，为了实现演示文稿自动放映，可以进行排练计时的设置，提前排练出每张幻灯片的放映时间和放映顺序，如图9-27所示。

图9-27　排练计时

4.幻灯片放映类型

PowerPoint提供了演讲者放映（全屏幕）、观众自行浏览（窗口）、在展台浏览（全屏幕）3种放映类型。不同的放映类型所呈现出的放映效果不一样，根据实际需求选择相应的放映类型。演讲者放映（全屏幕）是指以全屏幕的形式放映幻灯片，在放映过程中可以通过单击实现切换幻灯片和动画、标注等内容。观众自行浏览（窗口）是指以窗口形式放映幻灯片，通过单击可以控制放映过程，但不能进行添加标注等操作。在展台浏览（全屏幕）是指以全屏幕形式自动循环放映幻灯片，通过单击超链接或动作按钮进行切换，不能单击切换幻灯片，如图9-28所示。

5.演示文稿的导出

根据实际的需要，可以将演示文稿导出为PDF文件，导出为视频文件、导出为动态GIF文件、导出为图片文件等，如图9-29所示。

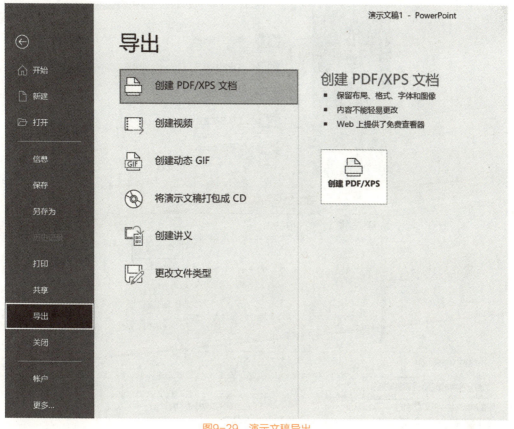

图9-28　放映类型

图9-29　演示文稿导出

📈 任务实施

放映和输出演示文稿

步骤1：打开"公司总结定稿"演示文稿，选中第3张幻灯片，单击"幻灯片放映"选项卡中的 按钮。需要显示时，再次单击"隐藏幻灯片"按钮。

微　课

💡 **温馨提示：**

隐藏的幻灯片编号上有斜线划掉，同时幻灯片变灰色，如图9-30所示。

步骤2：单击"幻灯片放映"选项卡中的"开始放映幻灯片"组里的"自定义幻灯片

放映", ，在弹出的"定义自定义放映"对话框中，选择"新建"按钮，输入幻灯片放映名称为"演讲时播放"，勾选上左侧框里的1、2、4、6、7、8、9、10的幻灯片，单击"添加"按钮，再单击确定和关闭按钮，如图9-31所示。

图9-30　隐藏后的幻灯片

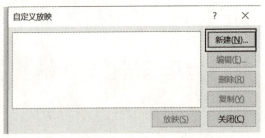

图9-31　新建自定义放映

步骤3：单击"幻灯片放映"选项卡中"设置"组里的"设置幻灯片放映"按钮 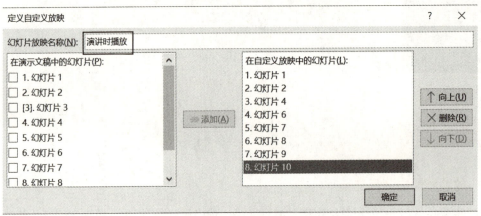，设置放映类型为"演讲者放映"，放映幻灯片为"自定义放映"，选择"演讲时播放"放映选项为"放映时不加旁白"，再单击"确定"按钮，如图9-32所示。

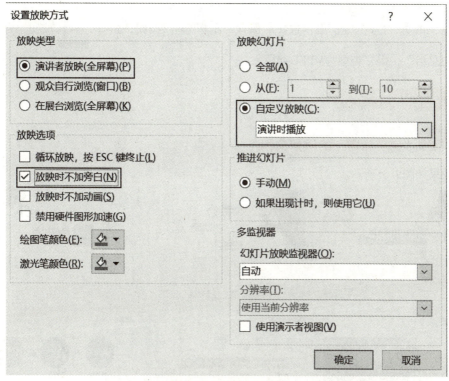

图9-32　设置放映方式

步骤4：单击"幻灯片放映"选项卡中的"设置"组里的 ⌨ 按钮，排练演示文稿，排练结束时，在弹出的对话框中选择"是"，保留计时，如图9-33所示。

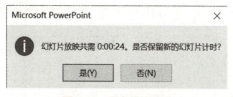

图9-33　保存排练计时

步骤5：勾选"幻灯片放映"选项卡中"设置"组里的"使用计时"，如图9-34所示。

图9-34　设置使用计时

步骤6：单击"录制"选项卡中的 ⌨ 按钮，单击左上角的"录制" ▬▬▬ ，录制完成后，单击"Esc"键退出，选择"保存"组里 导出到视频 按钮，选择 创建视频 按钮，保存为"公司总结"，保存类型为MPEG-4视频。

强化训练

1.制作"岗位竞聘"的演示文稿

效果如图9-35所示。

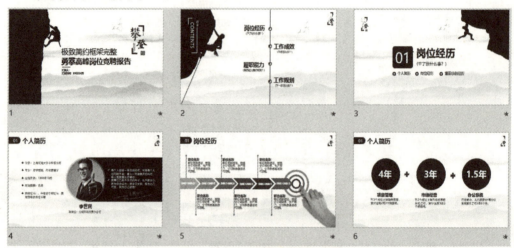

图9-35　岗位竞聘演示文稿效果图

①打开"岗位竞聘原稿"演示文稿，另存为"岗位竞聘"。

②选择第2张幻灯片，打开"幻灯片放映"选项卡的"隐藏幻灯片"按钮。

③单击"幻灯片放映"选项卡的"排练计时"按钮 排练计时 ，排练结束后单击"保存"。

④单击"录制"选项卡的"录制"按钮，选择"从头开始"，录制完毕后，单击"保存"组里的"导出视频"，单击"创建视频"按钮，以"公司财务年终报告视频.mp4"为文件名保存，如图9-36所示。

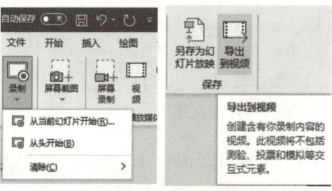

图9-36　录制和导出视频

2.制作"活动策划"的演示文稿

效果如图9-37所示。

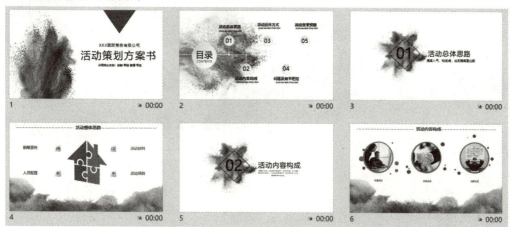

图9-37 "活动策划"演示文稿的效果图

①打开"活动策划原稿"演示文稿，另存为"活动策划"。

②选择第1张幻灯片，设置切换效果为"门"。

③选择第3、5、6张幻灯片，设置切换效果为"立方体"。

④选择第2张幻灯片，设置切换效果为"梳理"。按住"Ctrl"键，选中"目录"文本框和圆形背景，右键单击快捷菜单选择"组合"命令。

⑤选择"目录"组合对象，单击 添加动画 按钮，选择"其他动作路径"按钮，选择"S形曲线1"，如图9-38所示。单击"确定"后，打开 效果选项 按钮，编辑顶点，拖动改变运动轨迹，如图9-39所示。

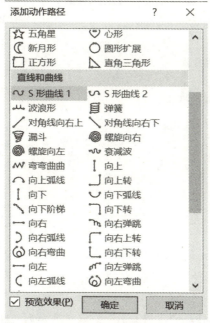

图9-38 添加动作路径

图9-39　编辑曲线顶点

⑥选择第4张幻灯片，设置切换效果为"翻转"。

⑦选择"文件"选项卡里的"导出"，选择"创建动态GIF"，单击"创建GIF"按钮，保存名为"活动策划"的GIF格式文件，如图9-40所示。

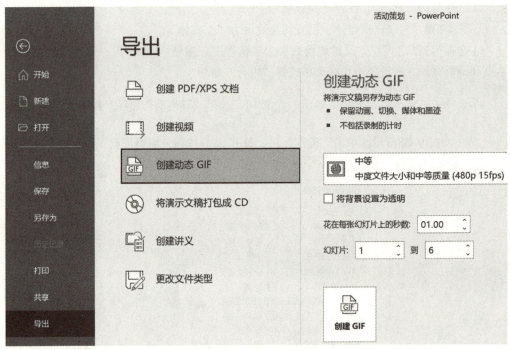

图9-40　导出GIF格式

📊 考级实战

在某展会的产品展示区，公司计划在大屏幕投影上向来宾自动播放并展示产品信息，因此需要市场部助理小王完善产品宣传文稿的演示内容。按照如下要求，在PowerPoint中完成制作工作：

①打开素材文件"PowerPoint_素材.pptx"，将其另存为"PowerPoint.pptx"，之后的

操作均在"PowerPoint.pptx"文件中进行。

②将演示文稿中的所有中文文字字体由"宋体"替换为"微软雅黑"。

③为了布局美观，将第2张幻灯片中的内容区域文字转换为"基本维恩图"SmartArt布局，更改SmartArt的颜色，并设置该SmartArt样式为"强烈效果"，如图9-41所示。

④为上述SmartArt图形设置由幻灯片中心进行"缩放"的进入动画效果，并要求自上一动画开始之后自动、逐个地展示SmartArt中的3个产品特性文字。

⑤为演示文稿中的所有幻灯片设置不同的切换效果。

⑥将考生文件夹中的声音文件"BackMusic.mid"作为该演示文稿的背景音乐，并要求在幻灯片放映时即开始播放，至演示结束后停止。

⑦为演示文稿最后一页幻灯片右下角的图形添加指向网址"www.microsoft.com"的超链接。

⑧为演示文稿创建3个节，其中"开始"节中包含第1张幻灯片，"更多信息"节中包含最后1张幻灯片，其余幻灯片均包含在"产品特性"节中。

⑨为实现幻灯片可以在展台自动放映，设置每张幻灯片的自动放映时间为10秒钟。

图9-41　SmartArt布局

习题演练

一、填空题

1.PowerPoint 2021演示文档的扩展名是_____。

2.幻灯片内的动画效果，通过"幻灯片放映"菜单的_____命令来设置。

3.PowerPoint 2021是_____公司的产品。

4.在PowerPoint中，设置文本字体时，选定文本后，在_____选项卡里设置。

5.插入影片操作应该用"插入"选项卡中的_____命令。

二、选择题

1.在PowerPoint中，如果有几张幻灯片暂时不想让观众看见，最好使用（　　　）的方法。

A.隐藏这些幻灯片

B.删除这些幻灯片

C.新建一组不含这些幻灯片的演示文稿

D.自定义放映方式，取消这些幻灯片

2.在PowerPoint中执行以下哪项操作不能切换至幻灯片放映视图？（　　　）

A.按"F5"键

B.单击"视图"选项卡中的"幻灯片放映"按钮

C.单击状态栏中的"幻灯片放映视图"按钮

D.双击幻灯片

3.在设置幻灯片的放映方式时，PowerPoint没有提供以下哪种放映方式？（　　　）

A.演讲者放映　　　　　　　　　B.观众自行浏览

C.在展台浏览　　　　　　　　　D.混合放映

4.在下列幻灯片元素中，（　　　）项无法打印输出。

A.幻灯片图片　　B.幻灯片动画　　　　C.母版设置的企业标记　　　　D.幻灯片

5.在PowerPoint中，"自定义动画"的添加效果是（　　　）。

A.进入，退出　　　　　　　　　B.进入，强调，退出

C.进入，强调，退出，动作路径　　D.进入，退出，动作路径

学习评价

项目名称		日期		
班级		姓名		
任务内容	评价内容	是否完成	遇到的问题、难点	解决办法
演示文稿切换动画	了解幻灯片的交互设计。			
	掌握幻灯片的切换效果。			
	渗透职业规划意识。			
演示文稿对象动画	知道幻灯片动画实现的方式。			
	掌握幻灯片动画效果的设置。			
	培养学生精益求精的职业素养。			
演示文稿的放映和输出	了解幻灯片的放映方式。			
	会进行幻灯片放映和输出的相关操作。			
	培养学生基本的职业素养。